筑摩選書

山田 健
Yamada Takeshi

水を守りに、森へ

地下水の持続可能性を求めて

水を守りに、森へ　目次

水を守りに、森へ

地下水の持続可能性を求めて

はじめに――その水は、持続可能な水ですか？

小学校六年生の夏休みのことだ。

当時、郷土部というクラブに属していたぼくは、生まれた町の歴史を調べていた。ぼくのふるさとの町には、「湯の河原」という意味の名前がついている。そして、その名の通り、江戸時代までは、町を流れる川に温泉が湧き出ていた。

ところが、明治に入って、井戸を掘削する新技術が入ってくるや、川の湧き湯のすぐ上流で、一軒の宿が温泉井戸を掘り始めたというのである。水脈のすぐ上の井戸から湯を抜いてしまったのだ。川の湧き湯は、あっけなく涸れてしまった。以後、「湯の河原」はただの「水河原」になってしまった。

「だったら、町名を変えなきゃいかんだろ」

そう思ったのは、六年生のぼくである。

川湯がなくなれば、湯治の客は、当然、温泉宿に集中する。宿の繁盛を見てやっかんだ他の業者は、案の定さらに上流に井戸を掘り、最初の井戸を涸れさせた。

あとは、ご想像の通りである。

井戸は、時代とともに上流に移っていき、いまやかつての温泉場に元湯はほとんどなくなり、谷の奥の最上流の源泉からパイプで温泉を引かざるをえなくなっている。

「バッカじゃないの」

と、六年生のぼくは思った。

やれば、やり返されるという、こんな単純なことが、どうして分からないのだろう。

深いところで郷土愛にダメージを受けてしまったぼくは、以後、郷土部の活動に情熱を持てなくなり、幽霊部員と化していく。ま、当然だったろうなと、今考えても、そう思う。

その暗い記憶がよみがえったのは、二十世紀という欲ボケの時代が終わり、二十一世紀という、ツケの清算——人類をあげて、前世紀の借金から逃げ回る時代に移り変わったころのことだった。


一九七八年。

大学を出たぼくは、サントリー宣伝部にコピーライターとして入社した。

ウイスキー、ワイン、ブランデー、音楽、文化、愛鳥……と、それこそ多種多様な分野の広告をてがけ、その傍らでワインの本を書いたりしていたのだけれど、それらのぼくが得意とする分野は、いつのまにか、会社の中では非主流になっていた。

二十世紀の終わり頃には、(一応、会社の勉強をして入ってきているはずの)新入社員でさえ、

「え、サントリーって、お酒もつくってたんですか?」

なんてことを、あっけらかんと言える時代に変わっていたのである。

となると、新たな主流である天然水やお茶、コーヒー、ビールなどの仕事をまるでやっていないというのは、いかにも、不利である。

生活防衛のためには、そちらのほうも、多少は勉強しなけりゃまずいでしょ、とぼくは考えたわけだ。

そして、さっそく、びっくりするような事実に出会ってしまったのである。

サントリーは、「地下水」に、驚くほどに依存している会社だったのだ。

いまさら、そんなことを言ったら、

「お前は、自分の会社のそんな重要なことも知らなかったのか!!」

と怒られそうだけれど、すみません。知りませんでした。

多くのビール会社や清涼飲料会社は、川の水や工業用水、水道水などを浄化して、製品の原料にしている。従って、それらの工場は、基本的に物流のよい場所に立地している。原料を運びこんだり、出来た製品を出荷するためには、高速道路に近いところとか、海辺の港のそばなどのほうが便利なのは、言うまでもないだろう。

ところが、サントリーの工場は、しばしば、とんでもなく不便なところにあったりする。要は、良質な地下水が豊富にある場所を第一条件にして工場立地を選んでいるからなのだ。かつて日本で最初のウイスキー生産に乗り出した時、仕込み水に最適な地下水を探して、全国を調べ回った際の経験が、企業のＤＮＡによほど深く刻み込まれてしまったのだろうと思われる。

それにしても、これほど地下水に依存しきっているとは、正直なところ、驚きだった。小学生の時の記憶が、いきなり蘇ってきたのは、この時だったのである。

ほとんどすべての工場が地下水に依存しているということは、地下水はサントリーの生命線に他ならないではないか!!

では、その生命線を守るために、この会社はなんらかの手を打っているのだろうか。

もちろん、使っている地下水の「安全性」に関しては、世界でも最先端の注意を払っていた。社内に安全性科学センターという部署を設け、国の検査機関と同等あるいはそれ以上の厳しい基準を設けて、定期的な品質チェックを行っていた。

地下水保全のためには、周辺の環境影響調査を行い、地下水位の定期的な検査を行い、きちんとした取水制限も守っていた。

その部分は、正直ホッとしたのだけれど、しかし、まあ、そんなことは、まっとうな食品会社としては、当然の義務だろう。

問題は、地下水が流れてくる川上である。どこに降った雨が、どういうルートを通り、どのくらいの歳月をかけて工場の地下にまでたどりついているのかを知り、そこでのリスクを回避することではないのか。

そこに手が打たれていなければ、最悪の場合、故郷の温泉町で起こったようなタワケタ事態が、いつ起こらないとも限らないということだ。

これは、大変なことなのではないだろうか。

こんな事態が放置されていて、いいわけがない。

「やってみなはれ」の心

さっそくぼくは、仲間たちを糾合して、企画書を練り始めた。集まったのは、コピーの川畑弘、デザインの堀内恭司、中野直である。コピーライターやデザイナーが事業提案をするというのは、一般企業の常識からすると奇異な感じを受けるかもしれないけれど、そういうところも、この会社の面白いところで、結構、自由自在なのである。

で、その結果、みんなの脳髄からひねり出されてきたアイデアが、「サントリー天然水の森」だったのである。

「天然水の森」とは、簡単に言ってしまえば、すべての工場の水源涵養《かんよう》エリアで、「工場で汲み上げている地下水」以上の水を「森で涵養」しようという提案である。

この事業が実現すれば、少なくとも「量」に関する限り、サントリーの地下水利用は持続可能なものになる（ちなみに、質的なリスクに関しては、後に社内に設置されることになる水科学研究所が取り組むことになるのだが、それはまた、別のお話である）。

この提案の「キモ」は、この活動は、社会貢献とかボランティアではないという明確な位置づけにある。地下水という天然資源に全面的に頼っている会社が、資源の持続可能性を守るのは当然の義務だろう。だったら、その義務を、「基幹事業」のひとつとして、粛々と果たしましょうよ、とプレゼンテーションすることにしたのである。

この精神は、いまも変わっていない。

活動の広がりとともに、「副産物」として、社会貢献的な側面も広がりつつはあるけれど、その本質は、やはり「やるべきことを、当たり前にやりましょう」という姿勢にある。

それにしても、林業なんか誰ひとり知らない会社で、こんな提案が通るものかね、と、内心疑いながらのプレゼンテーションだったのだけれど、

「おもろいやないか。やってみなはれ」

社長の鶴の一声で、なんとあっけなく、通ってしまったのである。

ちなみに、わが社の社風は、この「やってみなはれ」という、一言に象徴されている。

創業者・鳥井信治郎が、ある時、ご飯の上にヨウカンを載せて食べていた。ヨウカンどんぶりである。そのあまりに気味悪い組み合わせに驚いた番頭さんが、

「そ、そんなもの、うもうおまんのか?」

うわずった声で聞いたところ、信治郎、あわてず騒がず、

「やってみなはれ」

そう、うそぶいたのだという。

この時に、以後のわが社の歴史を貫くことになる「やってみなはれ精神」が誕生したのだという、なんとなく腰がくだけそうになる伝説が伝わっているのだけれど、その心は正確に伝わってくる。一見、どんなに荒唐無稽に思える企画でも、「やってみな分からしまへんで」ということだ。

つまりは、社員の新しい挑戦を積極的に応援しようということで、孫にあたる現社長も、

さかんにこの一言を口にする。

そういうわけで、「天然水の森」も、「やってみなはれ」で、やってみなはることになったのだけれど、そのころはまだ誰も（社長も含めて）、目標面積が七〇〇〇ヘクタール超（東京の山手線の内側以上、大阪の環状線の内側のほぼ二倍）なんていう、とんでもない面積になることも、日本の森が想像以上に荒れていて、次から次へと難問が降りかかってくることになるなんて、予想もしていなかったのである。

素人の怖いもの知らずだったと言うほかにない。

第一章
最初は、ほとんど無知でした

放置された人工林

二〇〇〇年当時のぼくの森林に対する認識は、

「放置されている杉・ヒノキの人工林を、適正に整備してやれば、それでなんとかなるんじゃないか」

というシンプルなものだった。

日本の森は、国土の三分の二を占めている。そして、そのさらに四割は、人工林と呼ばれる、杉・ヒノキなどの針葉樹を植えた植林地なのである。

戦前までは、こうした針葉樹林は、さほど広くはなかった。

代わりに、クヌギやコナラ、松などの、薪や炭、あるいはシイタケのホダ木などに利用できる広葉樹林のほうが、はるかに広大に広がっていた。

ところが、戦争で焼け野原になった町を再建するためには、幹が曲がっていて、しかも成長が遅い広葉樹よりも、素早くまっすぐに育つ杉・ヒノキの方が都合がいい。その上、たぶんその方が金になる。そういう理由で、かつての里山林や、奥地の広葉樹林が、次々に針葉樹に植えかえられていったのである。

しかし、木というものは、収穫できるまでに、最低でも四十年、五十年はかかってしまう。その間の保育費は、普通なら、大きくなった木の売上げでまかなうのだけれど、不幸にして、戦後の植林は、あまりにも一気に、そして広大に行われてしまったため、国中の木がすべて若木ばかりで、収入を得られる大きな木がほとんどないといういびつな状態に追い込まれることになってしまったのだ。つまり、無収入で手入れの費用ばかりがかかり続けるという最悪の構造が出来上がってしまったのである。

そこに、外国材の輸入自由化が追い打ちをかけた。

米松やラワン材を始めとする「原生林の巨木をただ伐っただけです」という、保育費もなんにもかかっていない安い材が大量に入ってきたのだ。

価格競争力を完全に失った針葉樹林に手をかけるような奇特な林業家は、ほとんどいなかった。こうして、日本中の針葉樹人工林が、事実上「放置」されることになってしまったのである。

放置された針葉樹林は、どんなことになるのか。

一般に、杉やヒノキの人工林は、一ヘクタールについて、三五〇〇本から一万本ほどの苗木を植えるところからスタートする。

植栽後、五年から七年ほどは、下草やツルが旺盛に育つので、初夏と晩夏に下刈りとツル切りをする。この作業をしないと、苗木は丈の高い草に埋もれて、溶けて消滅してしまったり、ツルに巻かれて二股・三股の木になってしまったりする。

この草刈りの時期を終えたら、第一回目の除伐を行う。

幹が曲がっていたり、成長が悪かったり、あるいは股に分かれてしまっていたりする木を伐り倒し、成長のいい、形のいい木だけを残すのだ。

その後も、五年ごと、十年ごとくらいに二〇～三〇パーセントくらいずつ間伐を繰り返し、残した木を健全に育てていくのだ。

この間伐作業を怠ると、林の中は、次第に満員電車のような状態になっていく。

光を求めて、上へ上へと伸びた木は、細く、ひょろひょろになり、光の届かない下枝は次々に枯れ上がり、真っ暗な地面には、草一本なくなる。

細い木がびっしりと並ぶ様子が、まるでお線香をいっぱい立てたみたいだということで「線香林」と呼ばれるこういう林では、剝き出しになった地面を雨が直接たたくため、土壌が流されやすくなる。

そして、最悪の場合には、大雨のたびに地表を水が走り、根が洗い出されてしまい、大規模な倒壊を起こすことさえある。

土地を買わずに出来ること

全国に広がっている、こういう手入れ不足の人工林を、きちんと間伐してやれば、水源涵養的にも、きっといいだろうと、ぼくは考えたのだった。

とはいえ、山を「買う」気はまったくなかった。

サントリーみたいな会社が、「水源の森を買います」なんてことを言い出したら、なにが起こるかは、容易に想像がつく。

それでなくても、工場の後背地は、変な詐欺商法に利用されがちなのだ。

「サントリーが水源の森を買うという情報をひそかに入手した。そうなれば必ず値上がりするから、今のうちに購入しないか」

なんていう根も葉もない話を、一般の方に持ちかけるフラチな輩が結構いるのである。な

①地ごしらえ
植樹前に整地する

②植樹
杉・ヒノキなどの苗木を植え付ける

③下刈り・ツル切り
苗木の成長をさまたげる草やツルなどを刈り払う。植樹後５～７年は続ける

④除伐・枝打ち
形の悪い木、成長の悪い木、自然に生えてきた広葉樹などを伐り、残した木を節のない、良い木にするため、下枝を払う

⑤間伐
15～20年ほどして木が成長し、林の中が込み合ってきたら、20～30％ほどの木を間引く。
間伐は、木の成長と林の込みぐあいを見ながら、何度も繰り返す

⑥主伐
60～100年ほどして、木が充分に大きく育ったら、全部の木を切って収穫し、①に戻る

針葉樹人工林の手入れの手順

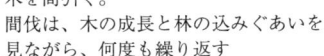

んの動きもしていないのにこれなのだから、実際に「買う」なんて言い出したら、どんなことになるか、分かったものではない。

では、土地を買わずに何が出来るのだろうか。

ぼくは、国有林の「分収育林」という制度に目をつけた。

かつての「緑のオーナー制度」の企業向けバージョンである。

成長途上にある国有林の一定面積を、主伐（つまり、間伐などの保育期間を終えて、成長した木をすべて伐って販売すること）までの期間契約し、国はその契約金で、主伐にいたるまでに必要な手入れを行い、契約満了時には、販売した利益を国と契約企業で山分けしようというものだ。

もっとも、林野庁で、この制度の説明を聞いた時には、正直、「本気かいな?」と耳をうたがったものだ。

木材価格の低迷は、当時でさえ、すでに限界を超えており、伐った木を山から運び出そうとすると、その人件費だけで赤字になってしまう状態が長く続いていたのである。

数十年の契約なんかをすれば、「分収」どころか「分損」——つまり「将来『損』を分け合いましょうね」という情けない結果になることは、誰が見ても明らかだった。

「だまされないもんね」

と、ぼくは一瞬思ったのだけれど、しかし、考えてみれば、われわれが欲しいのは、木の販売利益ではなく、地下に浸みこむ水である。ならば、わが社に関する限りは、多少の「分損」くらいは、大目に見てもいいのではなかろうか。

ただし、地下水を育む力の大きい森にするためには、一般的な国の整備計画よりも、多かれ少なかれ強めの間伐をし、地面に光が差し込むようにする必要がありそうだった。草一本ない地面を雨が叩き、地表を走る水が土壌を流しているような状態が、地下水のためにならないだろうことは、直観的に推測がついた。

子供のころから、山菜やキノコ狩り、ヤマイモ掘りなどをやっていたため、ぼくも多少は山を知っていたのである。

しっかりと下草がある安定した山では、よほどの豪雨でない限り、地表を水が走ったりはしない。降った雨は、いったん地面に浸みこんで、谷筋でゆっくりと浸み出してくる。地表を水が走るということは、地下に浸みこむ力がないことを意味しているのだ。地下水のためにいいわけがない。

しかし、当時の（今はだいぶ変わってきたけれど）国の整備計画は、もっぱら「木材生産」を目的として作られており、その枠組みの中には「下草」を生やして土壌を安定させましょう、などという発想が入り込む余地はなかったのだ。「人工林は込み合っているくらいのほうが、年輪が密ないい材がとれます」等という、いやまあ、確かにね、吉野や木曾の理想的に手入れをされている人工林の場合には、その通りなんだけど、放置林は別でしょう、というような理屈が（予算の制約上、どんなにやりたくても、最低限の間伐以上のことは出来なかったというやむにやまれぬ事情もあったのだろうけれど）、平然と語られていた時代だったのである。

そういうわけで、「天然水の森」事業を国有林で展開させていただくためには、あらかじめ、国の整備計画に、多少の自由度を持たせてもらい、国の整備に上乗せする形で、われわれ自身も整備に参加する余地をつくってもらう必要があったのである。

そのあたりの交渉をするために、林野庁の中に勉強会をつくってもらったのが、二〇〇一年である。社外の知恵袋としては、東京農業大学の濱野周泰先生に様々な助言をお願いすることにした。山梨県にある白州《はくしゅう》蒸溜所内にある五〇ヘクタールの森や、滋賀県にある近江エージングセラーの場内に残されている四〇ヘクタールの森の整備などで、長年にわたってお世話になってきた方である。

第一号の森

同時に社内では、環境部（現・エコ戦略本部）と一緒になって、第一号の森をどこにするかの検討を進めていった。

当時サントリーでは、九州熊本に、ビールと清涼飲料を生産する最新式のハイブリッド工場を建設中だった。この新設工場の水源涵養エリアを最有力候補にしようというのは、ごく自然な流れだった。

涵養エリアの確定には、熊本大学の渡邊一徳先生のご指導を仰ぎ、こうして、南阿蘇外輪山に広がる一〇二ヘクタールの国有林を対象に、「天然水の森　阿蘇」の協定が成立したのが、二〇〇三年の二月である。契約期間は六十年だった。

ところが、この契約を進めている真っ最中に、ぼくは、グループの宣伝制作プロダクションである「サンアド」という会社に出向することになる。当然、この事業の直接的な推進からは手を引かなければならなくなり、以後は環境部が全面的に主幹部署となって、この活動を推進していくことになったのである。

その後、ぼくがなにをしたかというと、この森を舞台にした環境広告の制作である。

コピーライターに古居利康、川畑弘、アートディレクターに葛西薫、岡本学、カメラマンに上原勇、イラストレーターにフィリップ・ワイズベッカーという最強のチームから生まれた新聞広告が、27頁の図の「水と生きる」である。「水と生きる」というコピーの作者は古居だ。

このあまりに素敵な出来栄えに、がらにもなく照れたぼくは、

「大切な水を呼び捨てにしちゃあダメでしょ。『お』をつけましょう、『お』を」

などと言い、

「『お水』じゃあ、夜のおネエさんになっちゃうじゃないですか」

「いや、だからね、ぼくは、その『お水』と生きたいの」

「いい加減になさい‼」

周囲の顰蹙を買っていた。バッカじゃないの、である。

それはそれとして、この「水と生きる」が、後にサントリーグループ全体のコーポレートメッセージになっていくことになるのである。


さて、阿蘇の森を舞台にした新聞広告の最初のヘッドラインは、

「六十年のやくそく」

というものだった。

「六十年後。ひょっとすると、わたしたちサントリーはなくなって、あとには水源の森が残された、なんてことになっているかもしれません。しかし、その逆はありえません。つまり、サントリーが生き延びて、森が滅びるということは」

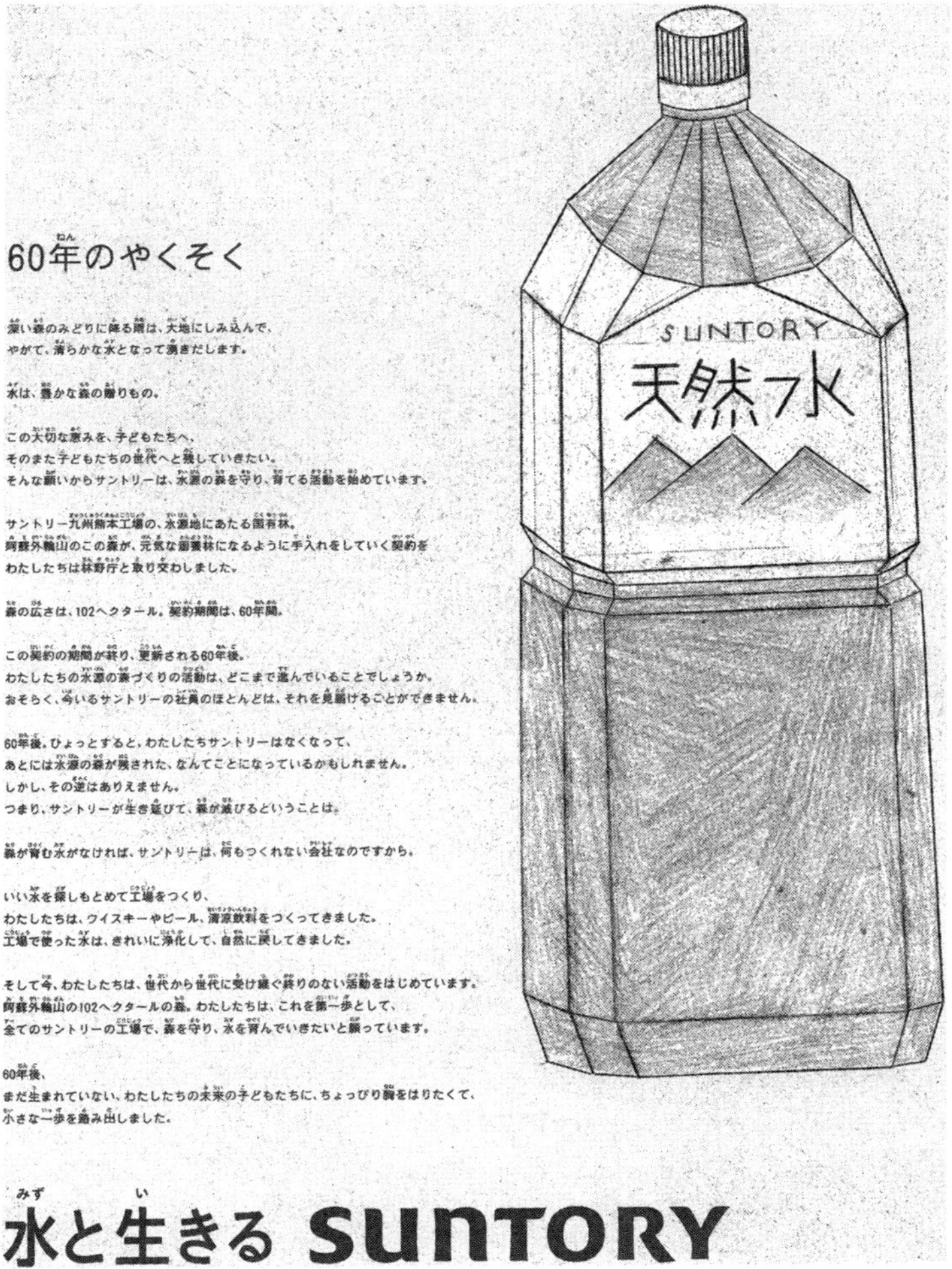
60年《ねん》のやくそく

深い森のみどりに降る雨は、大地にしみ込んで、
やがて、清らかな水となって湧きだします。

水は、豊かな森の贈りもの。

この大切な恵みを、子どもたちへ、
そのまた子どもたちの世代へと残していきたい。
そんな願いからサントリーは、水源の森を守り、育てる活動を始めています。

サントリー九州熊本工場の、水源地にあたる国有林。
阿蘇外輪山のこの森が、元気な涵養林になるように手入れをしていく契約を
わたしたちは林野庁と取り交わしました。

森の広さは、102ヘクタール。契約期間は、60年間。

この契約の期間が終り、更新される60年後。
わたしたちの水源の森づくりの活動は、どこまで進んでいることでしょうか。
おそらく、今いるサントリーの社員のほとんどは、それを見届けることができません。

60年後。ひょっとすると、わたしたちサントリーはなくなって、
あとには水源の森が残された、なんてことになっているかもしれません。
しかし、その逆はありえません。
つまり、サントリーが生き延びて、森が滅びるということは。

森が育む水がなければ、サントリーは、何もつくれない会社なのですから。

いい水を探しもとめて工場をつくり、
わたしたちは、ウイスキーやビール、清涼飲料をつくってきました。
工場で使った水は、きれいに浄化して、自然に戻してきました。

そして今、わたしたちは、世代から世代に受け継ぐ終りのない活動をはじめています。
阿蘇外輪山の102ヘクタールの森。わたしたちは、これを第一歩として、
全てのサントリーの工場で、森を守り、水を育んでいきたいと願っています。

60年後、
まだ生まれていない、わたしたちの未来の子どもたちに、ちょっぴり胸をはりたくて、
小さな一歩を踏み出しました。

SUNTORY
天然水

水《みず》と生《い》きる SUNTORY

「水と生きる」の新聞広告

などという刺激的なコピーを書いたのは川畑で、彼がこの活動にかけていた意気込みが、そのまま伝わってくる。

同時に、この森を舞台に、サントリーが、どんな理念のもとに、どんな整備をしていくつもりなのかを描いたビデオも制作した。監督・高杉龍彦、カメラ・赤川修、コピー・西山壮子路という、これも、考えられる最強のメンバーである。ちなみに、このチームには、いまでも「天然水の森」全般のＷＥＢとムービーを制作してもらっている。

お時間があるようなら、ぜひホームページを訪ねてみてほしい。

ＷＥＢや企業のムービーを対象とした賞を総なめにした素晴らしい世界をご覧いただけるはずである。http://www.suntory.co.jp/eco/forest/index.html

停滞

さて、情報発信のほうは順調に進みつつあったのだが、ところが、肝心の森の整備が、その後、さっぱり進まなくなってしまった。

環境部にも人事異動があり、新しい担当は、

「森は、素人が手を出すと、かえって荒らすことになりかねない。整備はプロの林野庁にお任せし、われわれは、子供たちを対象にした『森と水の学校』に専念する」

などと言いだしたのだ。

まあね、確かにそれはそれで、ひとつの考え方ではあるかもしれないんだけどさ、でもね、やっぱり何か違うんじゃないの、と、ぼくは激しく首を傾げ、あやうく首の骨を折りそうになった。

案の定、この数年、せっかく勉強会で進めてきた「強めの間伐」や「自主的な整備も許す」という林野庁の方針は、あっけなく、全国一律のものに戻されてしまった。

それはそうだろう。今回の「許す」は、あくまでも、「民からの強い要請に応える」という例外的措置で、民からの要請がなくなれば、あえて許す必要のないものだ。官にしてみれば、要請もないのに、広く「強めの間伐」みたいな方針を打ち出せば、たちまち資金が底をついてしまう。

六十年後にも皆伐はせず、特別な支障がない場合には契約を延長して、二百年・三百年の巨木林を目指していくという覚え書きもあったはずなのだけれど、それも行方不明になってしまった。

「工場の水源涵養エリアで、工場で汲み上げている水以上の地下水を涵養する」

という基本理念も、いつのまにかどこかに置き忘れられてしまったようで、工場所在地以外の場所にも、ぽつぽつとちっちゃな森が設定され始めた。

「地下のことは分かりませんからね。水源涵養エリアがどこかなんて、あいまいなものなんじゃないですか。だったら、どこに設定しても、ドングリの背比べみたいなもんでしょう」

事ここに至って、さすがのぼくも反省した。

考えてみれば、社長プレゼンが通ったことに浮き足だって、その後のヴィジョンや理念を役員会に通す手間を、ついうっかり忘れていたことに気づいたのだ。

「地下のことは分かりません」なんて、訳の分からない主張にたいしても、反論しようとして、きちんと反論する科学的なベースが、自分にはまだないという事実には、正直愕然とした。

お国の整備だって、水源涵養的には、決して十分には見えなかったのだけれど、いまのままでは、その批判は、単なる印象批評にすぎない。

分かったよ!!

だったら、勉強してやろうじゃないか、と、ぼくは考えた。

森を知ろうと思ったら、まずは木を知らなければどうしようもない。それまでも、素人としては、多少木には詳しいほうだったと思うけれど、それからは、山に入る際には、必ず分厚い図鑑を二、三冊しょっていき、知らない木は片っ端から調べることにした。遅ればせながら、植生関連の本、森林生態学の本、森林土壌の本、森林整備の本、木材利用の本、木材流通の本、そしてもちろん、地下水関連の本などを手当たり次第に読みまくった。

日本には水が足りない？

水が豊かな国だと思い込んでいた日本の水が、意外にも少ないことに気づかされたのも、この時のことだ。

確かに、日本は雨の多い国である。世界の陸地の平均雨量が、年間八八〇ミリなのに対して、日本は全国平均で一七五〇ミリ、紀伊半島や四国南部には、四〇〇〇ミリを超えるところさえある（二〇一一年九月の台風で、わずか数日間に二〇〇〇ミリもの雨が降ったことは、まだ記憶に新しいだろう）。

しかし、その多量の雨も、人口一人当たりに換算すると、意外に少ない。世界平均が一年に一万九六〇〇立方メートルもあるのに対して、わずか五一〇〇立方メートルしかない。約四分の一である。人口密度が異様なまでに高いということだ。

しかも、日本の地形は、他国に比べて、山の占める割合が非常に多い。その上、多くの雨が、一定の季節に――梅雨や台風、日本海側の豪雪のように――集中して降る傾向がある。つまり、せっかく降った雨が、川を伝って急速に海に流れ出てしまう可能性が高いのだ。

地下水の滞留期間も、欧米などの平地型の地下水に比べてはるかに短い。大陸では数百年、数千年、数万年という滞留期間がごく普通なのに対して、日本の地下水は、多くの場合、数年から数十年で地上（や海中）に湧き出してくる。日本の水にカルシウムやマグネシウムなどのミネラル分の少ない「軟水」が多く、ヨーロッパの水に「硬水」が多いのは、そのためだ（日本に石灰岩が少ないということもあるけれど、例えば、埼玉や山口のような石灰岩の多い土地でも、地下水のほとんどが軟水であることを考えると、地質の違いよりも、水齢の違いのほうが大きいことは間違いないだろう）。

しかし、そのことは、逆に言えば、日本列島の地下には、毎年湧き出してくる地下水量の、わずか数十倍程度しか貯蔵されていないということを意味しているのである。つまり、列島全体に貯蔵されている地下水の量は、決して多くはないということだ。

これは、大変なことだぞと、ぼくは思った。

そんな状況の中で、荒れ果てた山林をそのまま放置しておいたら、それでなくても少ない地下水を、さらに少なくしてしまうではないか。しかも、その悪影響が、わずか数十年後には現実のものになってしまうということだ。

ぼくは、改めてフンドシを締め直さなければならないと、覚悟を新たにした。

時あたかも、サンアドの業務で、住友林業さんとの仕事が、スタートしようとしていた。

住友林業は、全国に四万ヘクタールもの山を持っている一大林業会社である。四万ヘクタールといえば、国土の実に一〇〇〇分の一である。

こんなに素敵なチャンスはない。本で得た知識を実際の山で確認し、体に叩き込む機会をもらったのである。現場を知らない「知識」は軽い。体で考えた知識だけが「知恵」になる。

やっぱり神様はいるな、とぼくは畏れを知らずに考えた。

四万ヘクタールの広大な山で見せてもらった人工林は、これが同じ杉林かと疑うほどに美しかった。

しかも、その森の林床は、多様な草や広葉樹でびっしりと覆われていた。

整備や材の搬出のためには、作業路網がいかに大切か、伐った材をすみずみまで利用するために、どんな工夫がこらされているか、地震などの災害に強い木造住宅をつくるために、どんな研究をしているのか……山から住宅建設の現場まで、すべての工程について「現場」を見、体を使って勉強させてもらえたのは、実に貴重な体験になった。

一方、サントリーの本社では、水科学研究所が新設されようとしていた。良質な水がサントリーにとって最も重要な原料の一つである以上、水についてトータルに研究するのは、当然だというのが、開設理由である。

当然、その研究の中には、懸案だった工場ごとの水文《すいもん》調査*とリスク調査、水源涵養エリアの特定も含まれることになる。

ゆっくりとではあるけれど、内外の情勢は、整いつつあるようだった。

＊水文という言葉は耳慣れないかもしれないけれど、天体のことを調べる学問を天文学というように、自然界の水全般を調べる学問を水文学という。つまり、ここでいう水文調査とは、気候や地質、植生、河川水と地下水など、工場周辺の水に関わるすべての事象の調査を意味している。

直訴

二〇〇六年の初頭。

ぼくは、サントリー本体の役員（匿名希望）に、異動を直訴した。

従来通りの環境部の体制では、「天然水の森」は、本来の理念とかけ離れたものになってしまうだけではなく、「水と生きる」というメッセージが、実態を伴わない誇大広告になりかねない。

ついては、いっそのことコピーライターを隠居するので、環境部に異動の上、この仕事を本来の軌道に戻す努力をさせてくれないかと頼みこんだのだ。

匿名役員は、

「本当に、コピーライターをやめてしまっていいのか。もったいなくはないのか」

と、しきりに心配してくれたが、当時のぼくは、エッセイストとして、すでに数冊の本を出しており、小説にも手を出し始めていたため、自己表現として何としてでもコピーを書かねばならないという、やむにやまれぬ衝動を失いつつあった。そういう意味では、コピーライターを続けるのは、かえって失礼かもしれないと思い始めていたのである。隠居するには、いい潮時だったのだろうと、いまは思っている。

環境部に赴任して、最初にやったのが、天然水の森の理念を文書化し、役員会に通すことだった。

◎天然水の森　基本理念

・天然水の森は、「水と生きる」というサントリーの理念を、最も純粋に体現する活動である。

・この活動の目的は、天然水（地下水）を使用している各工場の水源涵養エリアに位置する森、あるいは湿原などで、地下水資源の涵養力を高める施業を行うことにある。

・天然水の森活動は、慈善ではなく、わが社にとって最も重要な経営資源のひとつである「水」の「安全・安心」およびサステナビリティを守っていくための基幹事業であ

る。
・事業である以上、そこには、当然、数値目標と品質目標がある。
・数値目標は、最低限、各工場で汲み上げている地下水量を涵養できるだけの面積とする。
・品質目標は、地下水資源の涵養力を可能な限り高めることにある。当然、施業前後の涵養力の増減は、科学的に検証していく必要がある。
・この活動の主目的は、あくまで水源涵養力の向上におくが、その副産物として、CO_2吸収能の向上や、生物多様性の回復、洪水土砂災害の防止、人が触れ合うことのできる美しい自然の創出などが期待できる。
・ただし、水資源涵養のために、貴重な自然環境を攪乱するようなことは、当然、あってはならない。
・なお、天然水の森のすべての活動エリアは、大学などの研究機関との共同研究による、様々な形の先進的施業例としていく必要がある。

◎天然水の森　活動指針
・この活動は、ＩＳＯの精神にのっとり、ＰＤＣＡのサイクルに従って実行される。*

＊ＩＳＯとは、品質を守るための国際標準化機構。ＰＤＣＡは、その重要な手法で、Ｐ＝プラン（立案）、Ｄ＝ドゥー（実行）、Ｃ＝チェック、Ａ＝アクション（修正）の輪を回しながら、着実に品質向上を目指すという考え方。順応的管理とも言う。

・ただし、この活動では、Ｐの前にＲ＝リサーチを入れ、Ｒ－ＰＤＣＡとする。工場で使用している地下水の水文や、地質、植生、土地の所有形態、法規制などの調査は、Ｐの立案のためには不可欠である。

・残念ながら、日本ではまだ、地下水涵養力の高い森に誘導するための確かな理論および技術は確立されていない。したがって、われわれの初期の活動は、作業仮説から出発した「実験的施業」とならざるをえない。そのため、Ｒ－ＰＤＣＡの中でもＣＡのサイクルが極めて重要になる。

・施業の際の面積は、最低五〇ヘクタール、契約期間は最低三十年を目安とする。五〇ヘクタールとは、自立した生態系を創出するための最小単位、三十年は、整備活動が形になるまでの最短期間という想定に基づく。

・植樹は、地元の樹種に限定して行う。同一樹種でも、遺伝子系にまで配慮し、ＤＮＡの攪乱を最小化する。

・作業道や遊歩道、階段、広場、トイレなどの設置は、必要最小限にとどめる。工法

──も、自然環境への負荷の最も少ないものを選ぶ。──

こういう文書を社内に通しておくことで、将来、例えばぼくが（本人の意思に反して）異動になったり、あるいはポックリ逝ってしまった場合でも、活動の根幹はぶれなくなる。

なお、この方針の中で、特にこれだけは絶対にやっておかなければならないと決意していたのが、「すべての森に研究者を置く」という方針だった。森には、森ごとに解決しなければならない様々な問題がある。その問題解決のために最適な専門家に依頼し、実際にその森で研究してもらおうというものだ。

前任者に対して答えられなかった科学的な根拠を、今後の活動の中で、きちんと確立していこうと思ったのだ。

本格始動

ぼくが責任者になって、最初に設定した「天然水の森」は、鳥取県奥大山《おくだいせん》に建設中だったミネラルウォーター工場のための涵養林である。

ここでは、すでに述べた林野庁の「法人の森林」制度に加え、鳥取県の「とっとり共生の森」制度も利用させていただいた。県が、市町村有林や民有林を企業に紹介し、土地を無償で貸与するかわり、企業の力で整備を進めようというもので、通常は、五年契約で、広さも数ヘクタール程度なのだが、われわれは、例の「指針」にそって、契約期間は三十年、広さも八八ヘクタールと、突出したお願いをした。ご紹介いただいたのは、工場の地元の江府町の町有林と、そこに隣接する下蚊屋《さがりかや》集落の共有林である。集落に、小椋隆治さんという「あの森に植わってるヒノキとカラマツは、全部わしが植えたんじゃ」という長老がいて、集落の意見を取りまとめてくださったのは、大変ありがたかった。この仕事では、地元の皆さんと良好な関係を築くことが、最重要課題のひとつになる。そういう意味でも、この町で民有林との協働がスタートできたのは幸運だったと言っていい。

ちなみに「とっとり共生の森」に相当する制度は、全国の都府県にあり、その後、積極的に活用させていただくことになる。

環境部では、三枝直樹というメンバーがぼくの下についてくれ、これ以降、二〇〇八年の赤城、南アルプス、二〇〇九年の丹沢にいたるまでの新規設定は、事実上、彼との二人三脚で進めることになる。なお、最近の三枝は、すでに充分一人立ちできるまでに成長し、担当エリアについては、ほぼ任せっぱなしにできるようになっている。人工林の管理はもちろんのこと、地元の小学校や役場を巻き込んで活動を盛り上げていく手腕は出色で、それだけでなく、鳥類や水生生物の調査など、独自の新企画も自発的に始めており、活動全体に厚みを持たせてくれている。頼もしい限りである。

奥大山の「天然水の森」設定では、水科学研究所にも、たっぷりと働いてもらった。中心となって動いたのは、京都大学で森林水文学の博士号を取って入社してきた川崎雅俊である。

土地の形状と、地下の地質、天候、工場とその周辺の井戸情報と河川流量、水質分析などを組み合わせ、どのエリアに降った雨が、どのようなルートを通り、どのくらいの歳月をかけて工場の地下までたどりつくかを推定していくのだが、コンピューター内で視覚化されていく、そのシミュレーションは、見ていてとてもスリリングなものだった。

こうして、実に三年ぶりに、「間違いなく、ここが工場の水源涵養エリアだ」という場所に、天然水の森を設定することが出来たのである。

地元DNAへのこだわり

森の監修は、鳥取大学の日置佳之先生にお願いした。

依頼内容は、「天然水の森」の植生調査および整備計画の立案と、同時に工場の緑化に関しても、地元のDNAにこだわった、地元の樹種だけで行ってほしいというものである。

日置先生は、「天然水の森」の依頼以上に、工場緑化の依頼内容に目を見張ったようだった。

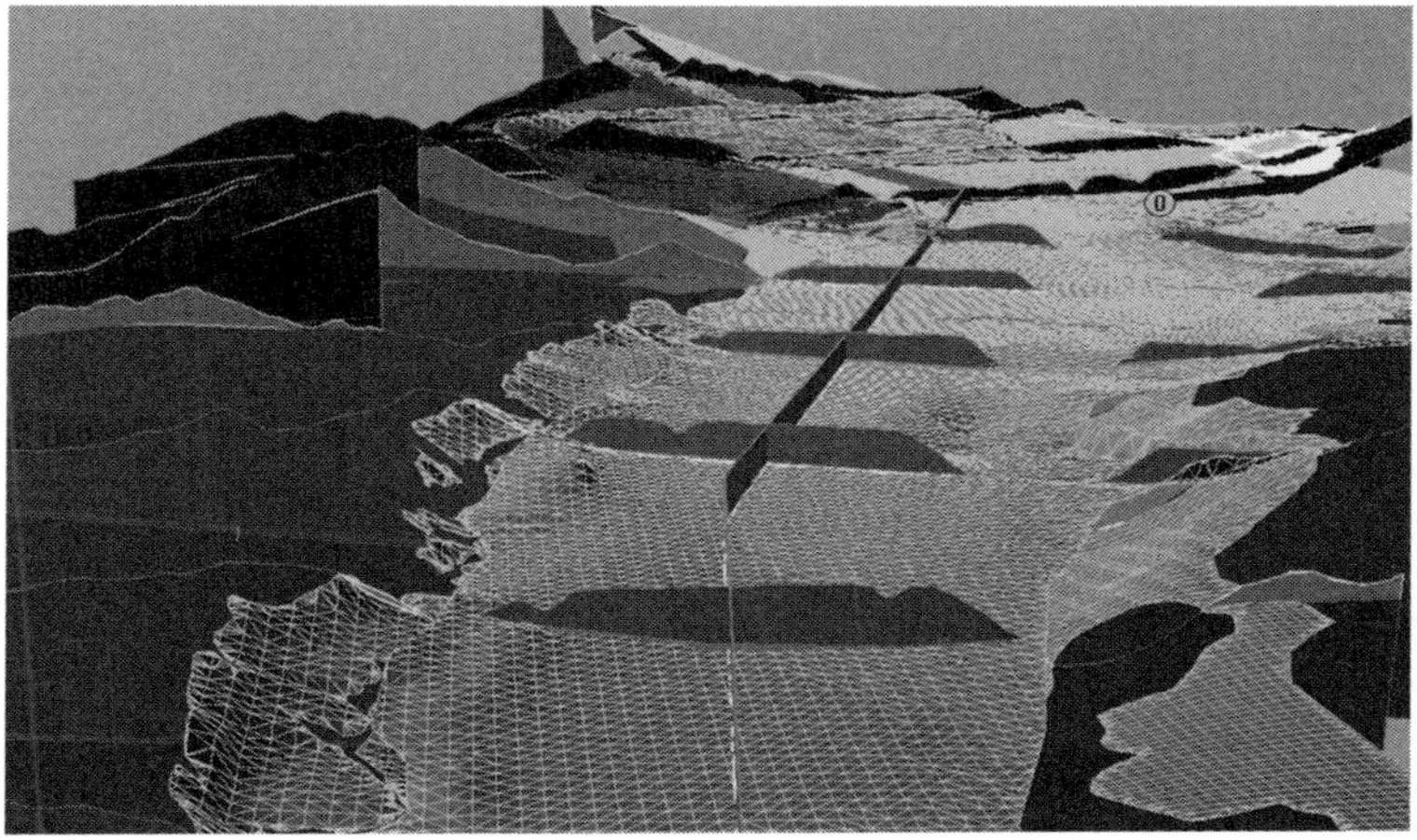

地層の三次元モデル

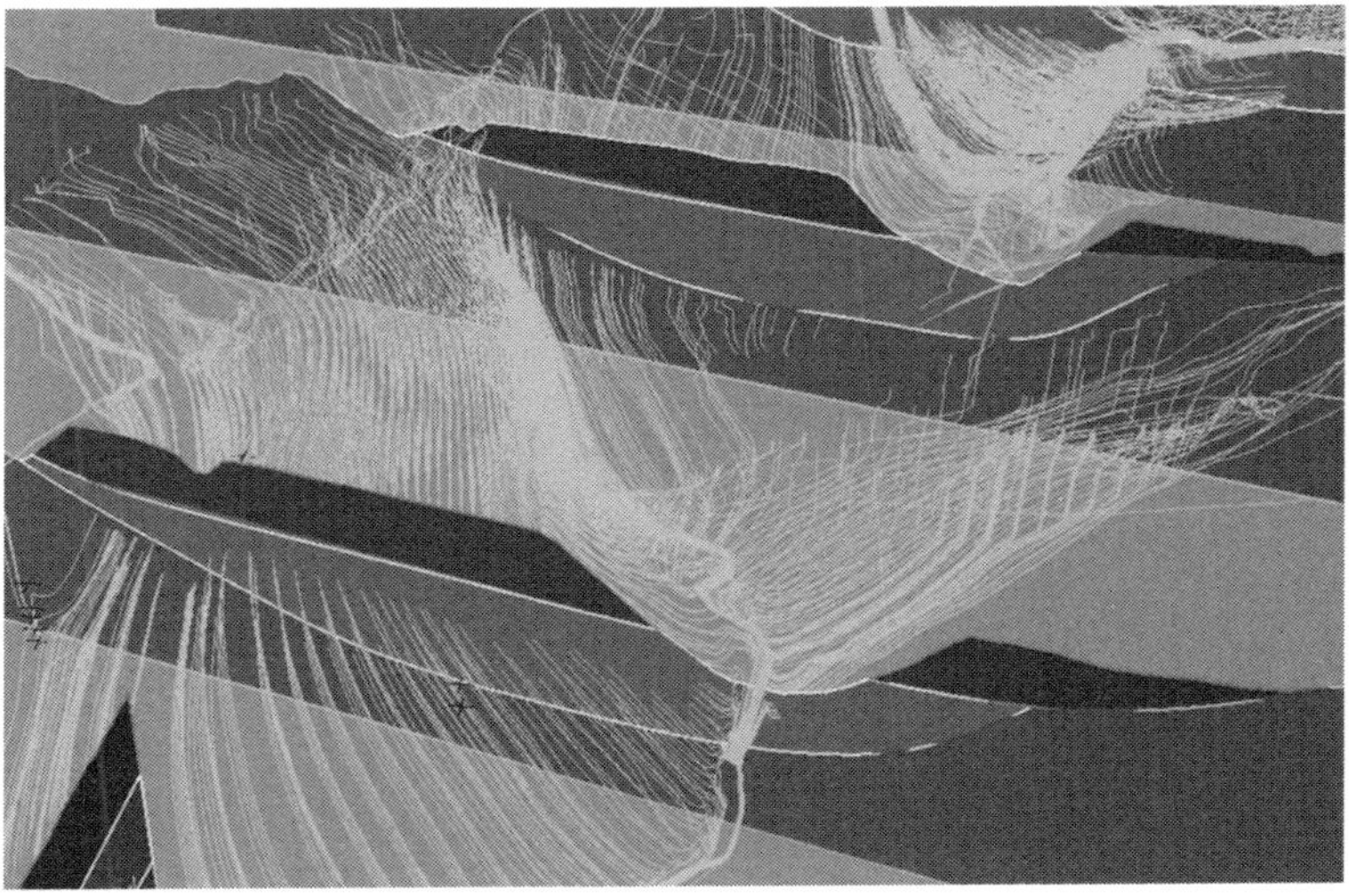

地下水の流動シミュレーション

地元ＤＮＡという発想は、普通は学者が企業に提案し、企業側が何だかんだと渋って逃げるという構図になりやすいのだそうだ。

それはまあ、そうだろう。

地元の「樹種」だけでも面倒なのに、ＤＮＡにまでこだわるとなったら、植栽する木を選ぶだけでも大変な労力になる。

にもかかわらず、ぼくがそこにこだわったのは、国立公園特別地域の第一種・第二種エリアに隣接している場所に、変な遺伝子を持ち込みたくないという思いからだった。

たとえば、ブナひとつをとってみても、日本海側の雪の多い地方のブナと、太平洋側の雪の少ない地方のブナでは、種の皮の厚さがまるで違っている。日本海側は、雪の寒さに耐えるために厚くなり、太平洋側では、速やかに発芽できるように薄くなっている。

そういう違いを無視して、太平洋側のブナを奥大山に移植したら、なにが起こるのか。

もしかすれば、植えられた木自体は、健康に育ってくれるかもしれない。しかし、その木が花をつけ、周囲に花粉を撒き散らし始めると、不都合が起こり始める。皮の薄い遺伝子が劣性なら問題は少ないのだけれど、そうでなかった場合には、この花粉がついた種から育ったブナの実の皮が、薄いものになってしまう危険性が生じるのだ。当然、雪の冷たさには耐えられないだろう。つまり、次の次の世代のブナに大きなダメージが出るリスクが否定できないのである。

ヤマザクラも、雪の多い土地と少ない土地では、樹形が異なる。豪雪地帯では、雪で枝が折れないように、雪が積もりにくいホウキ状の樹形をとる遺伝系が多い。こういう土地に、横張りの枝ぶりが美しい温かい地方のヤマザクラを移植しても、雪折れで上手に育たないだろうし、万一育った場合には、ブナと同じように、将来世代への悪影響を残すことになるだろう。

「生物多様性」というと、外から持ち込んだ遺伝子だって多様性に寄与するんじゃないか、なんて勘違いをする人が時々いるようだが、その土地に生きている生き物たちの遺伝子は、その土地の環境と共に進化し、環境によってセレクションされてきた、その土地ならではの最適種なのであり、しかもその土地に今現在生き残っているあらゆる生き物たちは――植物も、動物も、微生物も――すべてがからみあって、精妙なひとつの小宇宙をつくりあげているのである。

そういう小宇宙にとって、外からの遺伝子は攪乱要素以外のなにものでもない。

工場植栽が、国立公園の環境破壊の元になるなど、断じてあってはならないことだった。

とはいえ、工場の緑化対象区画は、実に七ヘクタールもあった。分かりやすく単純化すれば、一〇〇メートル×七〇〇メートルの広さである。運動会で一〇〇メートル走をやった時の記憶を呼び覚ませば、どの程度の広さかは、想像がつくだろう。

それだけの広さに植える木が、はたして近場で集まるだろうかというのが、最大の懸案となった。当初はどうなることかとドキドキしたものだが、嬉しいことに、この問題は、日置先生が大学当局にかけあい、演習林内にある移植可能な大苗を数多く提供してくださったことで、大きく前進した。

演習林で、緑化のための候補樹を選ぶ作業は、実に楽しかった。株立ちのウワミズザクラやコシアブラ、ホオノキなどを見つけて歓声を上げるぼくを見て、先生は、

「なんだか、クラブで可愛い女の子を見つけちゃあ、片っ端から指名して喜んでるみたいな感じですね」

なんて言って、ぼくのことをからかった。

その後、工場の敷地内の森林からも、移植にふさわしい木を引っ越しさせたり、地元の住民の方が、庭にある立派なブナやナナカマドを提供してくださったりして、工場植栽はなんとか形が整っていった。

実際の施工は、西武造園さんで「森のお引越し」を専門にしている河野さんと池田さんのチームが行ってくれた。工場敷地内の森から掘り出してきた片枝（つまり、幹の片側にしか枝がない樹形）のコナラも、二本組み合わせると、株立ちの立派なコナラみたいに見えるな

奥大山ブナの森工場の「生物多様性緑化」。DNAにまでこだわった地元樹種で植栽を行った。

ど、なるほど、こういう技があるのかという勉強をさせてもらった。

この地域の原風景のひとつである「ススキが原」を再現する区画もつくった。ススキと一緒にその足元に生えている草花も一緒に引っ越しさせ、草原的な「生物多様性」の復活も狙った。

花壇の花も、地元種にこだわった。「なでしこジャパン」で一躍脚光を浴びたカワラナデシコやオミナエシ、オオバギボウシなど、地味ではあるけれども、よく見れば美しい野草たちに彩られた花壇は、一部にマニアックなファンを獲得し始めている。

天然水の森の候補地の調査も充実した体験だった。

「天然水の森　奥大山」の中を流れる渓流

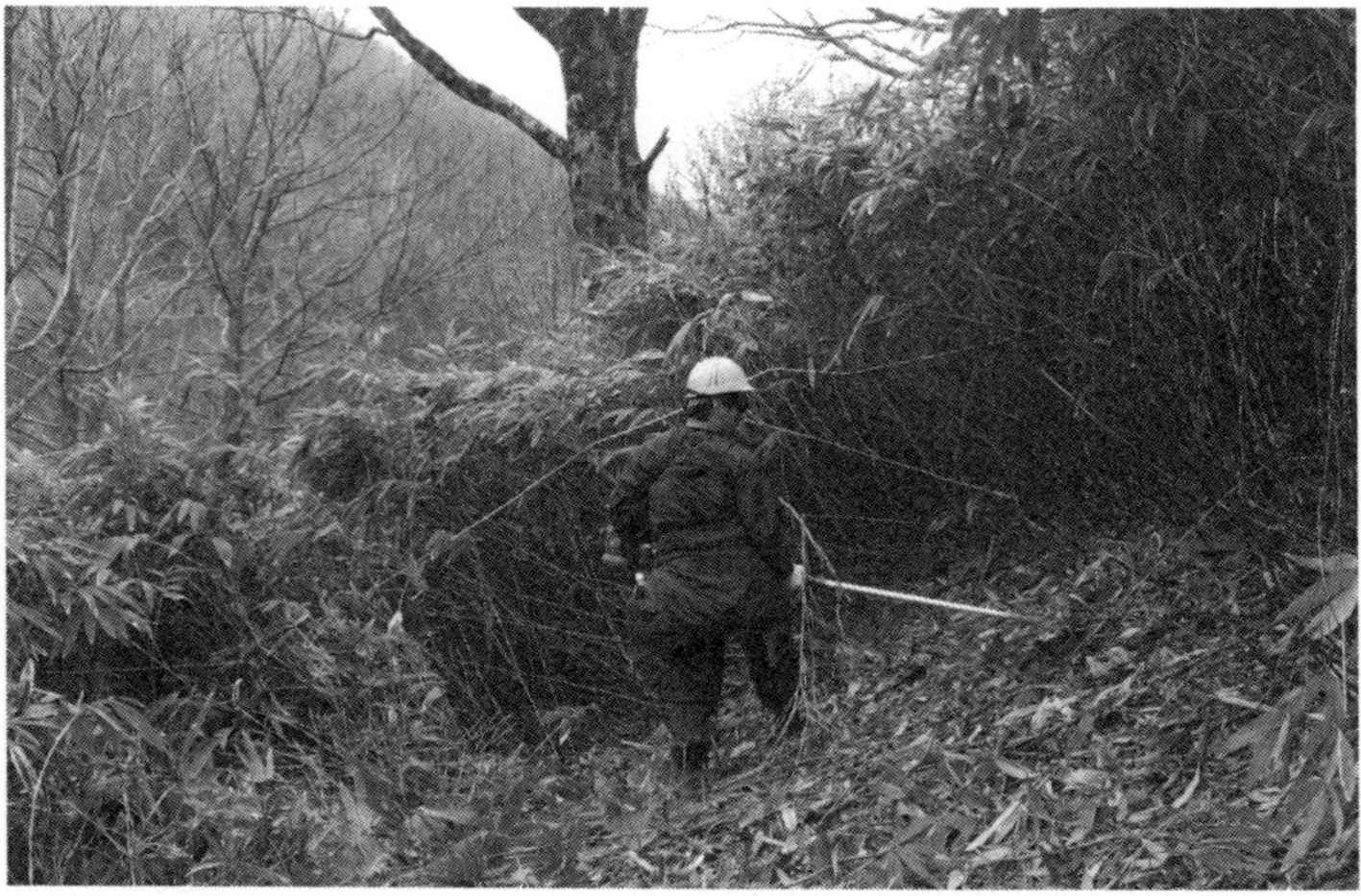

笹刈りの実験区

今回の森は、見事なまでに多様性に富んでいた。

丈の高いチシマザサの藪の上に、信じられないほどの太さのブナやミズナラ、トチノキ、カエデなどが林立する巨木エリアがあるかと思えば、山崩れから再生しつつある背の低い天然更新の広葉樹エリアがあり、その隣には、下層に理想的に広葉樹が侵入しているカラマツの人工林があり、そうかと思うと、どうしようもなく成長の悪い荒れはてたヒノキ林があり、あるいは、明らかにかつては薪炭林として利用してきたと思われる株立ちのミズナラ林があったりする。

直角かと疑うほどに急な崖を下っていくと、夢のように美しい渓流が流れ、ミソサザイやオオルリが楽しげに歌を歌い、流れの中では、この地方に特有のゴギというイワナの地方変種がゆったりと泳いでいたりする。

そういう中で、まずは調査歩道をここに通そうとか、作業路網をこう設計しようとか、あるいは、ヒノキ林は間伐比率を変えて下層植生がどのくらい出てくるかの比較エリアにしようとか、巨木エリアでは一部笹を刈り払い、ブナやミズナラの実生《みしょう》を促す実験区をつくってみようなどと、整備計画が次々にその場で決まっていく。

そのスピード感が、実に心地よい。

こうして、奥大山は、その後に設定していく天然水の森で、研究者たちとどのような協働体制を築けばいいのかの、プロトタイプになっていくことになる。

第二章

森があっても水は増えない?!

目標七〇〇〇ヘクタール!!

水科学研究所から、全国の工場の水源涵養エリアにおける涵養量の予測が出たのは、二〇〇八年末のことだった。

実のところ、地下水の涵養力は、土地ごとに大きく異なる。

雨や雪の多い土地ならば、当然、必要涵養面積は小さくてすむ。一方、雨が少なかったり、急斜面で地表流が起こりやすかったり、あるいは、地下の地質が水を通しにくかったりする場合には、反対に、必要面積は広くなる。

したがって今回の試算は、各工場の水源涵養エリアにおける面積を合計した場合の計算である。

しかし、その数字を聞いた時、ぼくはひっくり返りそうになった。

なんと、七〇〇〇ヘクタールが必要だというのだ。

七〇〇〇ヘクタールといっても、にわかにはイメージしにくいかもしれない。

そこで、身近な例で言うと、東京ならば、山手線の内側が六〇〇〇ヘクタール強である。大阪ならば、環状線の内側のほぼ二倍という数字だ。

そういう広さを、まずは調査し、その後はきっちりと整備していかなければならないということだ。

冗談ではなく、気が遠くなった。

こんな企画、出さなければよかったという後悔が、一瞬、胸をよぎらなかったと言えば嘘になる。

ところが、だ。

驚いたことに、この広大さに対して異を唱えた役員が、ぼくの知る限り、一人もいなかったのである。普通なら、「そんなもの、国や自治体の仕事だろう。なんで一企業がそこまでやらなきゃならないんだ」くらいのことを言いだすお偉いさんが、一人や二人は出てきても不思議はない。営業担当にしてみれば、「俺たちのかせいだ金を、そんなわけの分からんことに使うな」という発想が出てきても、ごく自然だろうと思う。

それが、

「ほう、結構広いな。ま、頑張れ」

である。つくづく、変な会社だなと、思う。

さらに言えば、全国の工場でくみ上げている水の水齢は、最も若いものでも二十年前後はあるのだ。つまり、われわれが設定し整備する森に降った雨が、工場の地下に届くのは、早くても二十年後なのである。

恐ろしく気の長い話ではないか。

にもかかわらず、それについても、疑問をはさむ声がひとつも上がらなかった。不思議という他にない。

たぶん、この会社は、時間感覚が異様に長いのだろうと思う。そして、その気の長さには、おそらく、二つの理由がある。

ひとつは、サントリーの歴史が、ウイスキーやワインという「熟成に時間のかかる酒」に支えられてきたということだ。

例えば、ぶどう園に苗木を植えるとする。その木が本当にいい房を実らせてくれるまでには最低でも二十年、その実を収穫し、ワインに醸しても、それが飲み頃を迎えるまでには、さらに十年二十年の瓶熟成が必要になる。

ウイスキーの場合には、さらに気が長い。

樹齢百年を超えるオークの木を森で切り出し、樽をつくる。ところが新しい樽の香りは長期熟成用のウイスキーには強すぎる。そこで、シェリー酒を寝かしたり、あるいは価格の安いウイスキー用の原酒を数年間寝かすことを繰り返した後に、十五年、二十年、三十年と寝かしていくのである。

樽そのものの寿命は六十〜七十年で終わり、香りや味が溶け出してこなくなってしまうのだけれど、百年の木を切って七十年しか使わなければ、森は元の状態には戻らない。だったら――ということで、寿命の終わった樽を家具に再生したり、住宅の床材に利用してもらったりしている。家具や家ならば、たぶん、森が元に戻るくらいまでの歳月は愛用してもらえるだろうと踏んでのことだ。

そういう気の長い会社にとって、たぶん「二十年後の地下水のために森を整備する」という発想は、さほど奇異なものではなかったのだろう。

もうひとつの理由は、サントリーが株式を公開していないということだ。

株式を公開していれば、一般株主からは当然、短期の事業成果が求められることになる。「二十年後」なんてのんきな話が許されるわけがない。オーナー企業には、いい面と悪い面があるのだけれど、今のところ、サントリーではいい面のほうがはるかに強く出ているように思う。

ずっと後の話になるのだけれど、「天然水の森」の整備が軌道に乗り始め、それなりの成果が見えてきたことをビデオに撮り、社内上映会を開いたことがある。

その時にも、「こんなことに金を使うくらいなら、俺たちの給料を増やせ」なんて声はひとつもなく、「改めて、いい会社なんだなって思いました」「こういう活動は、息長く続けてほしい」という声がたくさん寄せられた。七〇〇〇ヘクタールもの森を最低三十年にわたって一企業の手で整備しようなんていう、ある意味「タガ」が外れたような活動を推進できるのは、こういう社風に支えられてこそなのだろうと思う。

ところが、である。その後、とんでもないおバカが起こった。

社長プレゼンテーションの際に、二〇一二年中に七〇〇〇ヘクタールを達成するとしたぼくの資料を発表者が読み間違え、「二〇一二年までということは、二〇一一年末までだな」と誤解して発表してしまったのだ。

事後報告を聞いたぼくは激怒した。

「指針」にあるように、この活動は、まず調査から始めなければならない。七〇〇〇ヘクタールの調査を、一年前倒しですませるということは、尋常一様な大変さではない。

さっそく担当役員にねじ込んだのだけれど、

「お前なあ、社長が了承しちまったものを、いまさら一年遅れにしてくれって言ったたって、通らんだろ。社長の性格は、お前だって知ってるだろ。『やってみなはれ』だ」

サントリーでは、「やってみなはれ」が、時に、こんな風に使われる。

これじゃあ、「やってみなはれ」じゃなく「やれ‼」じゃないか。「みなはれ」ってのは敬語で、しかも下のものを応援する言葉なんだぜ、と、ぼくは役員に聞こえないように小さな声で毒づき、肩を落として敗北した。


話を大きく飛ばすが、この七〇〇〇ヘクタールという目標は、二〇一一年七月の段階で七一四一と大きくクリアした。もちろん、「指針」通りに、すべての候補地を緻密に調査した上での達成である。

もっとも、この数字は、実のところ「達成」なんてものではない。

東京大学の秩父演習林に、一〇〇〇ヘクタールくらいで、研究と整備を一体化した協力体制を組めませんかね、とお願いしたところ、せっかくならば、流域単位で設定したほうが、研究上いいんじゃないですか、というありがたいご提案があり、いきなり一九一八ヘクタールを提供してくださったのだ。棚ボタみたいなものだ。

したがって、中期目標は達成したものの、現在交渉中の森が、まだ一〇〇〇ヘクタール弱はあるというのが現状である。

交渉中のお相手から、

「目標達成ということは、私らの森は、ナシになったということですか」

なんて、不安な問い合わせが時々くるので、念のために言っておくと、そんな心配は、一切ありません。

この活動の基本は、それぞれの工場の水源涵養エリアで、その工場が汲み上げている地下水を涵養しようというものなので、交渉中の森に関しては、粛々と進めさせていただく予定ですので、くれぐれもご心配なく。

森があっても水は増えない?!

さて、時系列を元に戻して——水科学研究所で全国の工場の水源涵養エリアを調査している最中に、もうひとつのプロジェクトが立ちあがった。

東京大学との「水の知」という寄付講座である。

「地球水循環システム」をご専門とする沖大幹教授、「水質浄化」の滝沢智教授、「国際河川と水資源管理」の中山幹康教授という、それぞれ異なる分野を代表する気鋭の先生たちに加え、「水文学」の横尾善之准教授、そして村上道夫助教、田中幸夫助教という六人（後に中村晋一郎助教が加わって七人）が、いきなりわれわれの知恵袋になってくれたわけだ。

さらにありがたかったのは、「水の知」をとりまく、「東大水フォーラム」の先生がたの面識を得たことだ。特に森林水文の蔵治光一郎先生や、地下水流動の徳永朋祥先生、水中微生物とウイルスの片山浩之先生の知見は貴重なものだった。

こうしたつながりが、後に東京大学秩父演習林での「天然水の森　東京大学秩父演習林プロジェクト」につながっていくことになるのである。

さて、そういういろいろな先生方のお知恵を拝借しながら、ぼくは、自分自身の頭を整理する意味もあって、この活動のパンフレットをつくることにした。

まずは、地下水がどのようにして涵養されるのかを理解するために、友人のイラストレーターである川原真由美さんに、次のようなイラストを書いてもらった。

ここで注意しなければならないのは、森があるからといって、水が増えることはない、という意外な事実である。

水源の森を守る活動をしている人は、たいてい、一冊の本を読んでいる。

そう。

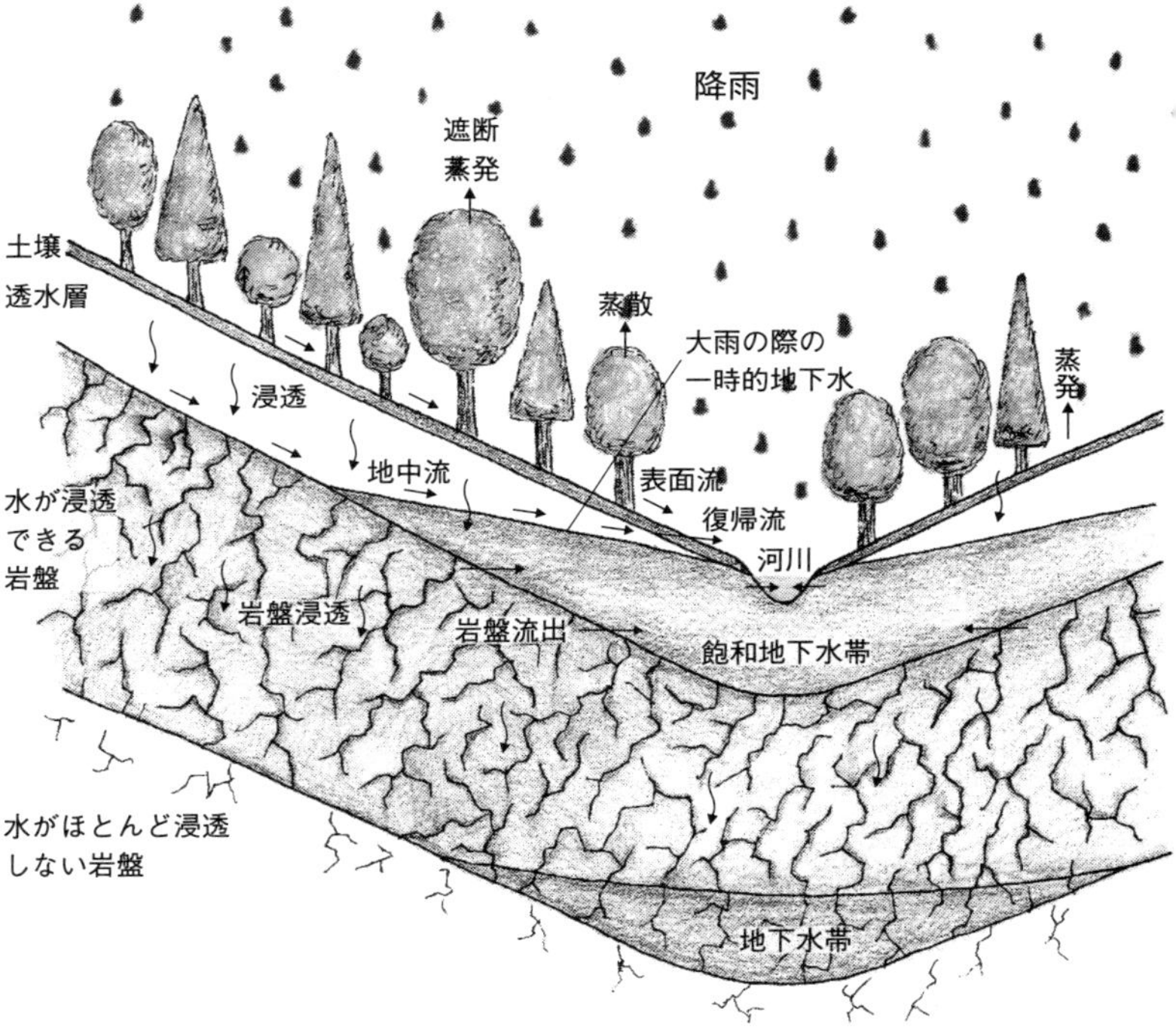

大地に浸透した地下水は、地中を流れるうちにきれいに濾過され、同時に地層からのミネラルがゆっくりと溶け込んで、清冽な天然水に磨き上げられていく。

ジャン・ジオノの『木を植えた人』である。

森を伐り尽くすことで水が枯れ、さびれてしまったとある村の郊外で、一人の羊飼いが、黙々と地面に穴をあけ、ドングリを植えていた。だれからも注目されず、ほめられることもない中で、ただひたすらに植え続けていた。

数十年後。ドングリから育った木々が大きく育ち、荒野が森に戻ったころに、村にはふたたび水が湧き出し、その水に人々が集まって、もう一度、村が再生するのだ。

このドキュメンタリー（と、ほとんどの人が思っている。実はフィクションなのだけれど）が、あまりに感動的なため、多くの人は、木を植えれば水が湧き出るものだと思いこんでしまっている。

恥ずかしながら、ぼく自身もそうだった。

しかし、現実には、どうだろう。

イラストにあるように、森に降った雨は、いったん木や草の葉に遮断され、その多くが蒸発してしまう。森の中にいると、少々の雨なら濡れることがないのは、そのためだ。

その上、枝葉を通りぬけて、ようやく地面に届いた雨も、木や草が根から吸収して葉っぱから蒸散させてしまうため、再び空に戻っていってしまう。

つまり、森があると、水の量は確実に減ってしまうのである。

ちょっと待て。だったら何で、森のことを「緑のダム」だなんて言うんだ?!

その通り。ぼくもまさに、同じ疑問を抱いたものだ。

その疑問を解いてくださったのが、京都大学の谷誠先生だ。先生は、滋賀県の田上山《たなかみやま》という、かつての裸山に案内してくださり、森の機能を実に分かりやすく教えてくださった。

田上山は、日本でも最も早く薪炭林として利用され始めた山のひとつで、あまりにも徹底的に利用されたために土地がやせ、ついには花崗岩が風化した真白なマサ（石英の砂）が剝き出しの白い岩山になってしまった。

ちなみに、似たような山が、かつては各地にあったのだという。一番有名なのは、兵庫の六甲山だ。明治時代に船から六甲を見た植物学者の牧野富太郎は、「冬でもないのに、なぜ雪山があるんだ」といぶかったという。今の六甲からは想像もつかないが、当時の写真を見ると、なるほど雪山にしか見えないほどの裸山である。

こういう裸山に雨が降ると、地面に浸みこむことが出来ないために、表層を水が走る。田上山の麓でも、かつては土石流の被害が相次いでいたのだという。

田上の緑化は、その土石流被害を防ぐために行われたものだ。山の斜面を階段状に（いわば段々畑のように）工事し、松とヒメヤシャブシを植えていく。松は痩せ地を好む植物でヒメヤシャブシは窒素固定菌と共生することで土を肥やす植物だ。この二つをセットにすることで、いち早く地下に根を張り巡らせ、根で土をつかみこませようという作戦である。ヒメヤシャブシのような肥料木と一緒に植えると、土が肥えてきたころに、松は弱って枯れてしまうのだけれど、それもあらかじめ織り込みずみで、松が枯れるまでには、まわりの山から転がってくるドングリや、風で飛んできたカエデやシデの種、鳥が糞と一緒に撒き散らしてくれるヤマザクラやヤマボウシなどの種が芽生えて、複雑な植生が回復するだろうという狙いである。

そして、ぼくらが案内してもらった時には、まさに狙い通りの植生が回復していた。

「森が出来たことで、地下に水が浸透しやすい土壌が形成され始めています。今では、かなりの大雨でももはや地表を水が走るようなことはなくなっています。降った雨が、いったん地下に浸みこむため、川の水量も年間を通じて平準化されてきています。大雨が降っても、一気に増水せず、雨の少ない渇水期にも、川が枯れずに、それなりの量で流れるようになったということです」

要するに、森があることで、水の総量は、間違いなく減ってしまう。しかし、日本のような充分に雨が多い土地に限って言うならば、森は、雨水の地下への浸透を促すことで、洪水のように無駄に流れ去ってしまう水の量を減らし、反対に、いったん地下に浸透した水をゆっくりと湧き出させることで渇水期の流量を増やし、さらには地下水の量を増やすことにより、「利用可能な水の量」を増やしてくれるということだ。

で、さきほどの『木を植えた人』に戻ると、たぶん、この小説のような、元々雨の少ない土地に木を植えても、地下水が湧き出てくるようなことはない。

オーストラリアで大規模なユーカリの植樹を行ったところ、周辺の井戸がすべて涸れてしまったというのは、有名な話である。

中国の黄河源流域でも、植林に成功した土地の周囲では、地下水の水位が驚くほど急速に低下しているという。少雨の土地では、木は、まちがいなく水を減らしてしまうのである。

しかし、日本のような雨の多い土地では、小説通りのことが十分に起こりうる。

たとえば、九州熊本に吉無田《よしむた》川という渓流がある。この川は、もともと涸れ沢に近く、江戸時代の半ばまでは、川筋に住む人々がしばしば水飢饉に悩まされていた。これをあわれんだ藩主細川公が、川の上流域の草原地帯に大規模な植林を始めたところ、数十年後に、どんっと水が湧き出したのだそうだ。湧き水は、いまや「吉無田水源」の名で親しまれ、終日、水を汲みに来るひとびとが絶えない。

日本版「木を植えた人」は、なんと細川元首相のご先祖様だったのである。

ということで、ふたたび話を戻すと、こうしてぼくは、

「そうか、大切なのは、森があることで、雨水が浸みこみやすい土壌が出来上がるってこと

なんだ!!」

今考えれば当たり前のような真実に、遅ればせながらたどりついたのである。

地下水を育む森のしくみ

で、その土壌が、どんな風になっているかを描いてもらったのが、次のイラストである。

山に木や草が生えておらず、有機物が一切供給されないような土地の土は、次頁上図のように、隙間なくぎっしりとつまっていることが多い。これでは、水が浸みこむことが出来ないのは、一目瞭然だろう。

一方、山に緑があり、木や草の根が有機物を地下に供給し、上からは落ち葉や落ち枝が降り積もり、そういう有機物を餌にして、ミミズなどの小動物や微生物が豊かに繁殖するようになると、土は、下図のように「団粒構造」になってくる。

粘土や砂が有機物でふんわりと結びつけられた小さな団子のような粒がたくさん出来上がり、粒と粒の間にも、たっぷりとした隙間が出来上がるのだ。

ふかふかで温かい感触のこの土こそが「森の宝」である。

こういう土があるところに雨が降り注ぐと、雨水は、驚くほどすみやかに地面に吸収されていく。たとえば、粗空隙率（つまり団粒と団粒の間の空間。スポンジの隙間みたいなもの

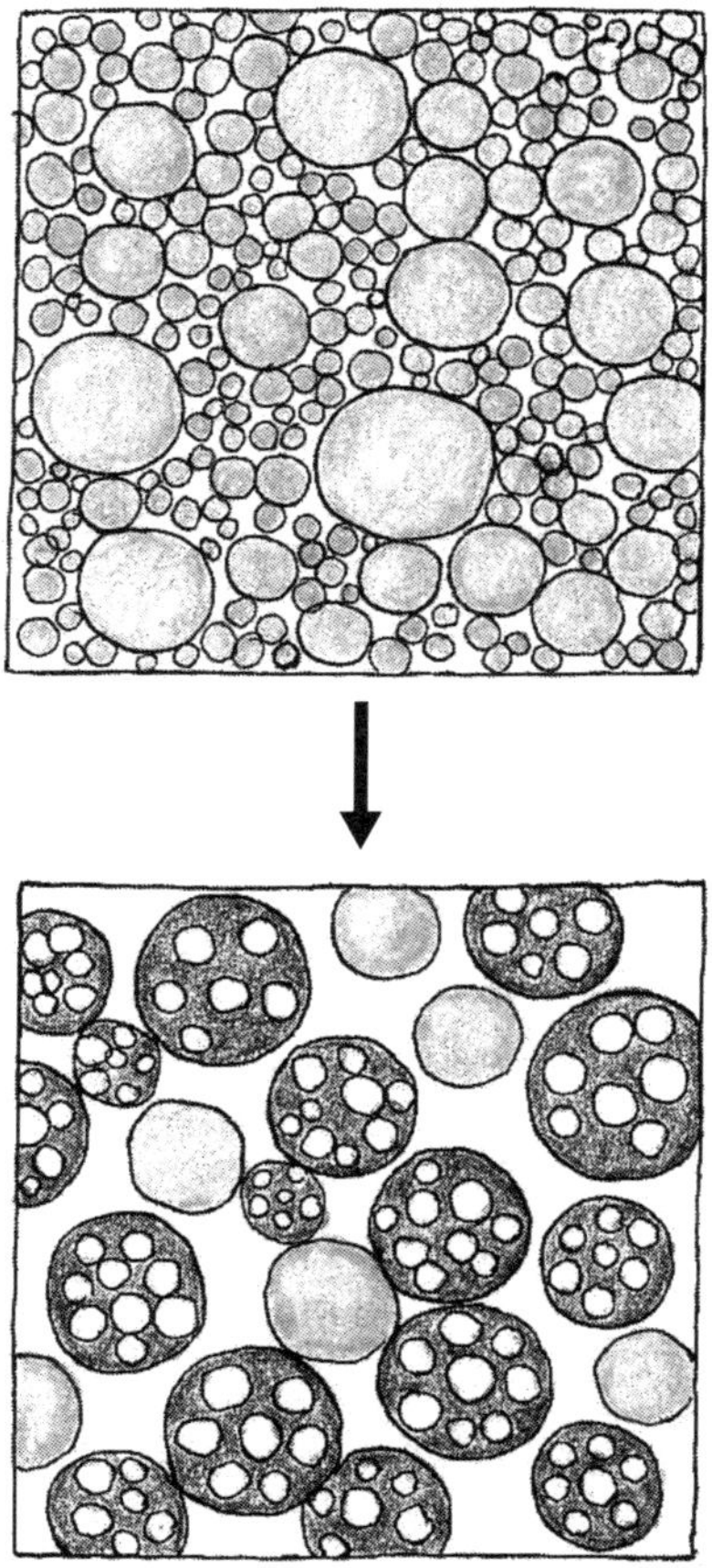

無機質だけの土

団粒構造

上図のような土に、落ち葉や草の根などの有機物が供給されていくと、ミミズや小動物などの活動と並行して、腐食や菌類の菌糸、微生物がつくり出す粘着物質などで土の粒子が結びつけられ、小さな団子状の固まりが出来ていく。団粒と団粒の間には、スポンジ状のすきまが出来るため、水はけが良くなるだけでなく、大雨の際には、このすきまに水がたまり、水が保たれるため、「水はけも、水もちも、通気性もいい」——いわゆる「ふかふかの土」になる。

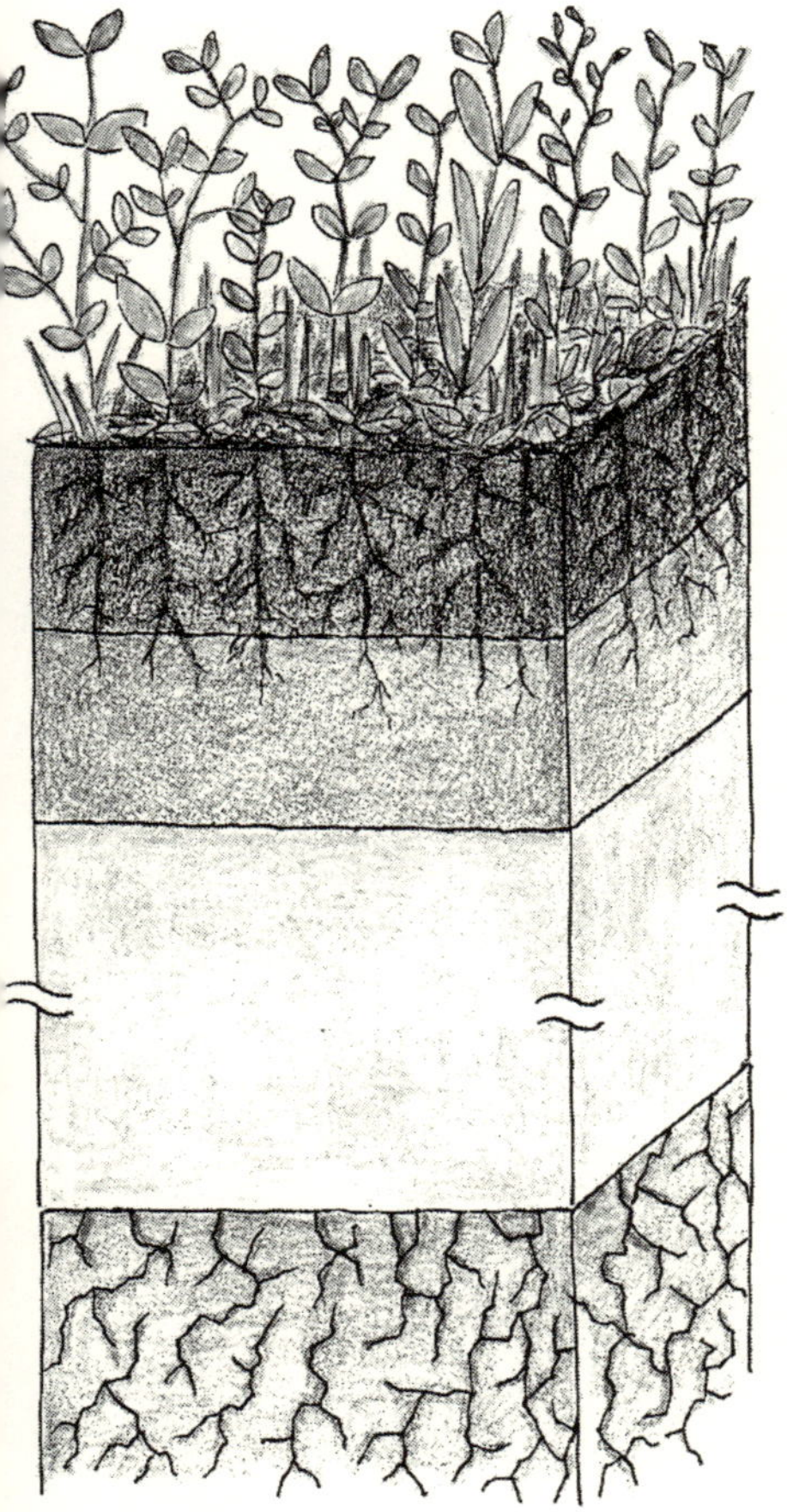

Ao層　落ち葉や枯れ枝の層

A層　有機物が多く、木や草の根が緻密に張っている層。ミミズや小動物、微生物などの活動の場で、多くの場合、土は団粒構造になっている。

B層　有機物が分解され比較的少ない土壌。一般にA層とB層をあわせて「土壌」と呼ぶ。地表の植生が失われ、この「土壌」が流され始めると、地下水を貯える力は急速に失われる。

C層　B層の元になる土。この層は、土地によって数十メートルに達することもある。それが火山岩や花崗岩の風化土壌の場合には、地下水の透水性はきわめて高くなる。

R層　基岩。一般に火成岩はヒビが多く、水が浸透しやすく、泥岩などの堆積岩の場合には浸透しにくい傾向がある。

ふかふかの土を厚く育てるためには、
①A層の団粒化を進める
植物の根や小動物・菌類・微生物などの力を借りて、この層をできるだけふかふかに育てていく。
②B層をA層に変えていく
深く根を張る植物の力を借りて土を耕す。枯れた根は、B層への有機物供給になり、A層へのゆっくりとした変化を促す。

ね）が五〇パーセントある表土が五〇センチの深さまで存在すれば、二五〇ミリの大雨が降っても、この層だけで難なく吸収することが出来る計算になる。一メートルあれば、その倍である（ただし、土壌による一時貯留力は、せいぜいそのくらいしかないのだという点にも注意してほしい。表層土壌の厚さというのは、深いところでも、せいぜい一メートルなのだ。したがって、最近の豪雨のように、数日間で一〇〇〇ミリとか二〇〇〇ミリなどという、とんでもない大雨を、土壌だけでなんとかしようとするのは不可能で、そういう場合には、どうしても表面流は防げない。大切なのは、そんな時にも、とにかく土が流されにくい、山崩れを起こしにくい山づくりをするということである）。

こういう土が豊かに積もっているその下に、水が浸みこみやすい地層があれば、地下水の涵養には理想的だということになる。

もういちど57頁の図に戻ると、豊かな森に降った雨は、いったん表層土壌に蓄えられることで、さらに深いところへの浸透が促される。地面の下には、水が浸みこみやすかったり、浸みこみにくかったりする地層が複雑に折り重なっているので、浸みこみにくい層にぶつかった地下水は、いったんそこに地下水帯をつくる。こういう地下水が浸み出してつくる流れが渓流である。

さて、この地下水帯の水は、地面の中を流れ下るうちに、少しでも浸みこみやすい地層を見つけると、さらに深いところに浸透していく。

時には、山の斜面の地下をゆっくりと流れ下ってから、扇状地の堆積層に出会って一気に深く沈みこむこともある。

こんな風にして、いくつもの地層に磨かれ、地中深くにまで到達し、ほどよくミネラルを溶け込ませた深層地下水こそが、ぼくらの工場で汲み上げている「天然水」なのである。

さて、森林の土壌で、もうひとつ注目しておきたいのは、生物的な浄化力である。土の中には、無数の微小動物や微生物、菌類などが生息している。そして、それらの生物にとっては、雨水や動物の糞などに含まれる汚染物質の多くが、餌や肥料になる。ウイルスも細菌にとっては餌になるし、大腸菌などの細菌も、少し大きい微生物にとっては格好の餌になるわけで、さっさと食い尽くしてくれる。

表層土壌が持つ物理的な吸着力も重要である。土壌の構成物質のひとつである粘土は、一般的にマイナスに帯電していることが多いため、プラスに帯電している金属イオンは、ここで電気的に吸着される。原発事故で降り注いだセシウムが、表層の五センチほどでほぼ吸着されているのは、そのためだ。

「緑のダム」で清らかな水を育んでくれているのは、つまり「緑の木々」ではなく、その下にある、ふかふかな手触りの森林土壌だったのである。

森の木は、その土壌を守り・育むという「間接的」な意味で、地下水涵養に寄与しているのである。

土を育てる

さあ、山で水を育むために大切なのは、土壌だということは分かった。

しかし、である。

じゃあ、一体どうやったら、そういう土を育てることが出来るのだろうか。

畑の土だったら、有機肥料をやって、スキやクワで耕してやればいいのだろうけれど、相手は広大な山である。

山手線の内側以上の広さを耕したりしたら、山を守るどころか、反対に、とんでもない環境破壊を起こしてしまうだろう。

そこでぼくは、「不耕起」という有機栽培の手法を思い出した。

読んで字のごとく、耕さない農法である。耕す代わりになにをするかというと、雑草をいっぱい生やして、定期的に伸びた草を刈り伏せるのである。根っこは、絶対に抜かず、上だけを刈って、地面に寝かせておく。

すると、なにが起こるのか。

上部を刈られてしまった草は、上下のバランスをとるために、根の先の方を枯らす。そしてもう一度、新しい茎葉と根を伸ばし始めるのだが、この新しく伸びてきた草も、一定の高さにきたら刈り伏せてしまう。

これを何度も繰り返すと、土の中には、枯れた根という形で、大量の有機物が送り込まれることになり、地表にはたっぷりとした腐葉土が形成されていくことになる。それらの有機物を餌にして、ミミズとか小動物とか微生物とかが繁殖し始めると、土は驚くほどの速さで柔らかく耕されていく。

ちなみに、自宅の庭で、プラスチックの支柱がわずか一センチも差し込めないようなガチガチに硬い土の場所を選んで「刈り伏せ」の実験をしたところ、十年後には、なんと一メートルの深さまで、なんの抵抗もなくスッと差し込めるほどに変化した。

山でも、多分同じことが起こっているのではないかと、ぼくは直感した。

適度な数の鹿やウサギは、ほどよく草を食べることによって、恐らく、この「刈り伏せ」に近い効果を山の土にもたらしているはずだ。

杉やヒノキを植林した山では、最初の五年くらいは、年に二回くらいの頻度で草刈りをする。植えた苗木が草に埋もれて枯れてしまうのを防ぐためなのだけれど、ここでも期せずして「刈り伏せ」による土づくりが行われてきたのではないか。

だからって、新入社員を連れていって、山で広々と草刈りをさせようなんて、タワケタことを考えたわけではない。山での土づくりでは、「根」が持っている「耕す力」に着目しておくことが、とても重要だろうと心に留めたということだ。

ちなみに、木の根は、種類によって実に様々な形や特性をもっている。深くまっすぐに根を伸ばす木、細かい根をびっしりと張り巡らせる木、地面に沿うようにして、浅いところに網目のように根を伸ばす木……。草の根も、また同様である。

そういう様々な草や木を複雑に入り混じらせればどうだろう。木々や草々の根は、すみずみまで、まんべんなく土を耕してくれるに違いない。

草や木が多様になれば、それに依存している土壌センチュウや昆虫、ミミズなども多様になるだろう。多様な生き物は、それだけ豊かな土をつくってくれるのではないか。

さらに、植物の根は、しばしば菌根菌というキノコの菌と共生している。多様な木々が生えていれば、キノコの種類も、それだけ多様になる。それらの菌糸も、やはり土を耕してくれるはずだ。

多様な木々は、土を耕すだけではない。崖崩れや土砂流失を防ぎ、貴重な表土を災害から守る力も発揮してくれる。深くまっすぐに根を伸ばす木が「杭」の役割を果たし、地表に網目のような根を張る植物が「ネット」の役割を担って、山を崩れにくくする。雑木の山が崩れにくいのは、たぶんそのためだ。

だとすれば、根の浅い、たとえばヒノキだけが急斜面に育っているような森は、山崩れの危険性が高いということになる。

では、どうすればいいのか。

ふむ。

だんだんと、見えてきたではないか——パンフレットをつくりながら、ぼくはそんなふうに考え始めていた。

崩れにくい森。深く根を伸ばす樹種が「杭」の役割をはたし、横に根を張る樹種が「ネット」の役割をになうため、土砂災害に強い山になる。

ヒノキや竹のように根の浅い樹種の純林が急斜面にあると、大雨の際に、崩れたり、ずり落ちたりしやすくなる。

第三章
森づくりは道づくりから

人工林に人が入れない？

さて、ここから先は、時系列ではなく、テーマごとにお話ししていこうと思う。

冒頭にも触れたように、この仕事を始めた当初のぼくは、放置された針葉樹林を適正に間伐していけば、それだけで日本の森は救われるんじゃないかと思っていた。

人間が、変に手を入れてダメにしたところに関してだけ、人間の手で修正してやれば、それで十分なんじゃないかと思っていたのだ。

この考えが、とんでもなく間違っていたことに、ほどなくぼくは気付かされることになる。

日本には、人間が手を入れてない森なんか、ほとんどなく、たとえ広葉樹林でも、放置された森は、手入れ不足の針葉樹人工林と同じような土壌流失を招くのだという現実が、重くのしかかってくるのだけど、ま、それはまだ先の話である。
今は、針葉樹人工林である。

人工林の問題は、ひとことで言ってしまえば、すでに書いた「間伐遅れ」である。だったらさっさと間伐しちゃえばいいじゃんかと、ぼくは単純に思ったのだが——しかし、いざ実際に森の中に入ってみると、どうやらそんなに簡単な話ではないらしいことが分かってきた。

作業をしようにも、まず道がないのである。

「いったい、どうやってこんなところに植えたんだ?」「昔の人は超人か?!」と疑いたくなるような山奥の、立っているのさえ難しい急峻な場所にまで、びっしりとまんべんなく杉やヒノキが植えられているのだ。

それだけでも、呆れ返って口がムンクの「叫び」みたいになりそうなのに、そもそも、その場所にたどりつくまでが大変なのだ。背丈ほどもある笹をかき分けかき分け進んで行って、ようやく空間が開けたかなと思ったら、一面のイバラだったなんてことが、しばしばある。

もしかすると、かつては作業歩道くらいはあったのかもしれないのだけれど、なにしろ数十年間ほったらかしなのだから、もはやすべては「藪の中」である。

こんなところに植えて、いったいどうやって収穫するつもりだったんだろうと首をひねっていたら、ある土地の古老から、

「いんや。収穫するつもりなんざ、はなっからなかったさ。植えりゃあ、補助金が出たでな。最初っから、補助金目当てで、あとはほったらかしにすりゃあ、ええと思っとった」

身も蓋もない昔ばなしを聞かされた。

そういう山は、ゆっくりと広葉樹を侵入させて、自然に針広混淆林に誘導していけばいいのだろうけれど、それにしても、先立つものは道である。

調査のためだけならば、草を刈り払うくらいの最小限の歩道をつくれば充分なのだけれど、広い面積を大規模に整備するとなると、重い機材を運んだり、間伐材を搬出したりということで、どうしても車が入る道が欲しくなる。

ところが、車も入れる林道や作業道というのは、従来、とんでもない環境破壊にしばしば結びついてきた。

林道を車で走ったことがある人ならばご存じだろうけれど、ちょっとした大雨の後に入ろうものなら、たまったものではない。

いたるところで山側の切り面が崩れて岩がごろごろしていたり、谷川の路肩が落っこちて道の半分がなくなっていたり、あるいは、大雨の影響で路面が谷のような形に掘られて原型をとどめていない、なんて箇所が普通にある。

われわれの「天然水の森」でも、森にたどりつくまでの公共の林道が、まさにそんな感じで、調査や整備のたびに、手前の道を補修してもらわなければならないことが、しばしばある。

そういう道からは、当然ながら、大雨のたびに大量の土砂が流失しており、水源涵養的にも、いいことはなにもない。

いかに道がほしいといったって、まさかそんな道を、われわれの森の中につくるわけにはいかないではないか。

じゃ、どうすればいいのか。

そう。キリスト様もおっしゃっているではないか。「求めよ、さらば、与えられん」と。

そういうわけで、信仰心なんか欠けらもないぼくが、心の底から求めていたら、「神様、ありがとうございます」、田邊由喜男さんという道づくりの天才との出会いが与えられたのである。

四万十式との出会い

田邊さんのことは、もちろん、知識としては知っていた。

四国の四万十町のお役所に勤めながら、いわゆる「四万十式作業道」という、安価で、環境に優しく、しかも驚くほど長持ちする道づくりを考案した人だ。

とはいえ、相手は役場につとめている現役のお役人である（現在は独立して、「森杜産業」社長として、独自の道づくりとその講習のために、全国を飛び回っていらっしゃる）。そういう方に、われわれ私企業の仕事を手伝ってもらうなんてことが、はたして可能なのだろうか。

しかし、縁というのは、まことに異なものである。

群馬県赤城山に新たな「天然水の森」を設定すべく、群馬森林管理署の中岡茂署長と最初の顔合わせをしていた時のことだ。

「今度の森では、出来ることなら四万十式の作業道を試してみたいと思ってるんです」

と、ぼくが何かの拍子に言ったところ、

「なんだなんだ。おめえさんは、四万十式を知っとるのか!!」

なぜか署長、顔を紅潮させて興奮し始めたではないか。なんと、あろうことか、目の前の中岡署長こそが、四国に赴任中に田邊さんの道づくりの技に目をつけ、「これこそが、二十一世紀の日本の林業を救う救世主だ」と確信、「四万十式」と名付けて全国に紹介している「四万十式の伝道師」に他ならなかったのである。

そういうわけで、田邊さんには、さっそく「天然水の森」の顧問に就任していただくことになった。

ちなみに、そんなこんなで、中岡署長とはすっかり意気投合し、赤城の「天然水の森」は、一三〇〇ヘクタールという、飛びぬけて広大な面積になった。ただし、今回の協定では、「法人の森林」ではなく「多様な活動推進の森」という、別の制度を利用させていただいた。「法人の森林」とは違い、土地は無償貸与、署と企業が協議した上で、必要な整備を企業の手で行うことができる。われわれにとっては、願ってもない制度で、以後、林野庁との協定は、この制度や、ほぼ同じ内容の「社会貢献の森」制度などを利用させていただいている。

なお、これらの制度の協定期間は、通常五年ということになっているのだが、これだけの広さの森を五年でどうこうしようというのは、ほとんど無意味に近いのではないかという両者の同じ思いにより、「協定期間は百年。五年ごとの自動更新」という、林野庁でも初めての試みとなった。百年を担保するために、群馬署とサントリーだけではなく、地元の渋川市、NPO団体、高校、学識経験者からなる「天然水の森　赤城——百年の森づくり協議会」を立ち上げ、われわれの活動を監視してもらうことにしている。

ちなみに、協定記念の植樹イベントで挨拶をしてくださった小林裕幸関東森林管理局長は、「百年後と言ったら、普通なら、ここにいる人間はもう一人もいないだろう、なんて当たり前の挨拶をするのかもしれないけれど、私は百年後まで生き残って、この森がどうなったかをしっかり見届けるつもりだ」

という破天荒な約束をしてくださった。

中岡署長や小林局長とお話ししていると、お役人にもこういう人がいるんだ、と、何となく嬉しくなってくる。

山にさからわない

田邊さんのつくる道は、自然への負担をできるだけ少なくする。自然の地形を生かし、外部からの資材をほとんど持ち込まず、その場で出る木の根株や間伐材、石や砂利、道端の苗木などをすべて有効利用することで、コンクリートを一切使わないにもかかわらず、驚くほど長持ちする構造をつくりあげる。

長持ちの秘訣のひとつは、水が走る筋道をつくらないことだ。山の中に直線をつくると必ずそこを水が走る。水が走れば、土を掘る。道は、掘られた箇所から崩壊する。それを防ぐためには、あらゆる手段を使って、水を分散させることだ。道をわずかに谷側に傾斜させたり、ゆるやかな起伏をもたせたりと、工夫のしようはいくらでもある。

反対に、従来の林道が崩れるのは、山の中に直線的な「水道《みずみち》」をつくるからだと言っていい。机上で地図を見ながら設計図をつくれば、目的地までの最短距離にルートを取りがちになり、当然、直線の多い「設計図」が出来上がる。なんのことはない、一生懸命「水道」をつくっているみたいなものなのだ。

さらに悪いことに、地図の等高線なんてものは、実はまるっきりいい加減なものなのである。現地にいくと、思いもよらないところに谷があったり、岩の塊が露頭していたりする。そういう現場に出会って、臨機応変にルートの変更が出来ればいいのだけれど、たいていの林道は「設計図」を役場に提出して補助金申請をしているため、申請通りの道をつくらないと、補助金が出ないという事情がある。そのため、谷に出会ったら谷を埋め、岩に出会ったら岩をダイナマイトで吹き飛ばすような――「地図」に合わせて「現地」をつくり直すような暴力的な工事が進んでしまうのである。これほど自然の地形と摂理を無視すれば、しっぺ返しがくるのも当然だという気がする。

自然に優しい作業道づくりでは、山側の「切り高」を出来るだけ低く抑え、しかもまっすぐ垂直に切ることも重要である。

「切り高」が高くなればなるほど崩れやすくなるというのは、誰が考えても分かるだろう。にもかかわらず、従来の林道では、五メートル、六メートルは平気で切ってきた。そんな「崖」みたいな切り面が崩れないわけがない。

出来るだけ低く抑えるためには、道を掘る前に、徹底的にルートを探ることが何よりも重要になる。可能な限りなだらかな場所を探し、等高線に近い形でルートを探っていく。

田邊さんが「天然水の森　近江」につくってくれた作業道。いい道は、出来上がってみると、一見「当たり前」に見える。

悪い道の見本。こんなことをすれば崩れないわけがない。

「切り高」を抑えろというと、今度は、じゃあ「一・五メートル以内がいい」とか「いや、もう少し高くても大丈夫だ」とか議論し始める人が出てくるのだけれど、そういうことではなく、斜面上部に生えている木の根がしっかりと土をつかんでいる深さを見極めることが重要であるらしい。根がつかんでいる深さ以上に切ってしまうと、どうしても、その下が崩れやすくなるのだ。

一方、「垂直に切る」目的は、切り面上に「水道《みずみち》」をつくらないためである。よくある林道のように、切り面をなだらかな斜面状に作り上げると、斜面上部の凹部に集まってきた水が切り面上を走って谷のように浸食し、そこから崩壊が始まることになる。

垂直に切っておけば、水は切り面上を流れずに、まっすぐ下に落ちる。落ちる場所をあらかじめ砂利などで強化して、再び路面全体に分散させてあげれば、水による浸食は、かなりの程度まで防ぐことが出来る。

ノリ面を、出来るだけ早く緑化させ、草や木の根で斜面を安定させるように努めるのも、田邊さんの道の特徴である。そのために田邊さんは、道づくりで必ず出てくる木の根株を斜面下部側のノリ面に埋め込んでいく。根株みたいな腐りやすいものを「構造材」として使うのはいかがなものか、という批判もあるようだが、その批判はちょっと違う。この根株は、

ノリ面緑化の一例。道の表面に生えていた笹をきれいに剝ぎ取り、谷川のノリ面に移植している。

緑化を促すための資材である。根株の周りには、様々な植物の種が埋まっていることが多い。田邊さんは、その種からの芽生えを期待しているのである。根株による「構造強化」も、もちろん多少は期待しているのだけれど、それはあくまでも、新しく芽生えてきた木や草の根で、最終的な構造強化が達成されるまでの「一時凌ぎ」という考え方である。

表土に含まれている、様々な植物の種や、その場に生えている苗木も、大切に利用する。数十センチしかないような小さな苗木を、バックホー（シャベルカー）のあの巨大なシャベルで上手に移植している様子を見ていると、なんだか魔法を見ているような気分になる。

そうした配慮を払った上で、田邊さんは、道の両側をきちんと間伐し、光環境を整えて、草や実生苗の成長を促していくのである。

難所を拓く

従来なら、絶対に不可能だと思われていたような難所や急斜面に、あっというまに道をつけてしまうのも、田邊さんのすごいところである。田邊さん以前の「自然に優しい作業道」は、山の中に自然にある「棚」のような地形を探してつくられてきた。そういう地形の場所で表土を剝ぎ取ると、その下に「地山」という硬い地層が出てくる。その部分を利用すれば、当然、崩れにくい道が出来やすくなる。間違いなく正統派の考え方だと言っていい。

しかし、その方法では、棚地形が見つからなかったり、急斜面が連続するような場所には、どう頑張っても、道はつけられない。

そこで田邊さんは考えた。

いっそのこと、「地山」を壊して、新しい「地山」を作ってしまえばいいじゃないか、と。地山を深く掘り返し、表土と丹念に混ぜ合わせ、完全に均質にしてから、何度も何度も突き固め、締め固めてやる。柔らかい表土を混ぜれば、当然、使っているうちに道は沈んでいくのだけれど、均質に混ぜることで、沈み方も均質になっていく。つくりたての時には、ま

作業中の田邊さん

だ充分に安定しないかもしれないけれど、木材を積んだキャタピラ式の機械が何度も通るうちに、山側と谷側に同じような過重がかかって、さらに踏み固められていく。使えば使うほど、どんどん安全な道になっていくというわけだ。

こうして、彼がつくった道により、それまでは放置する以外に方法がなかった奥山や難所の森が、立派な経済林としてよみがえったという例は数多い。

谷を渡る際にも、独特な工夫をこらしている。

通常の林道づくりでは、谷越えの際には、橋を掛けるか、地面の下に土管を埋め込んで水抜き工事を行うことが多い。しかし、作業道のような簡易で安価な道づくりでは、橋を掛けるだけの予算はなかなかつきにくいし、一方の土管は大雨の日に岩石や土砂が流れ落ちてくると、案外あっけなく詰まってしまうのである。

そこで田邊さんは、道の山側に池を掘ったらどうかと考えた。谷を流れてきた水の勢いを、掘った池にためることでいったん殺し、そこから道の上に柔らかくあふれさせれば、水は路面上に薄く広がって谷側に落ちていくことになる。「洗い越し」という手法である。

これだけでも、なかなかの工夫なのだけれど、さらに田邊さんは考えた。いっそのこと、池にたまった水をサイフォンで抜いてしまうのはどうだろうか、と。道の下に「逆J型」のパイプを埋め込んで、取水口を池の中ほどあたりの高さにしておき、排水口を道下の谷に垂らしておけば、池の水位が、道に埋め込んだパイプの高さを超えた瞬間に自動的に水抜きが始まり、取水口の高さを下回るまで勢いよく排水が続けられることになる。取水口が下を向いているので、砂利や泥で詰まることもない。

この方法なら、水が路面上にあふれることもないため、谷渡りの道はいっそう安定することになる。

まるで、コロンブスの卵みたいではないか。

とまあ、彼の道づくりの特徴を列挙しようとするとキリがなくなりそうなのだけれど、天才・田邊は、新しい道をつくるたびに新機軸を打ち出して、去年までの自分のやり方をいきなり否定したりするので、ここまで書いた特徴も、明日には否定されているかもしれない。(正直を言うと、こういうところが、「天才」のすごさでもあり、こまった点でもあるのだ。弟子にしてみれば、去年教わったことを、今年否定されるのでは、たまったものではないだろうが、しかしまあ、それも天才と同時代に生きる人間の幸運であり、不幸であると割り切るしかないだろう)。

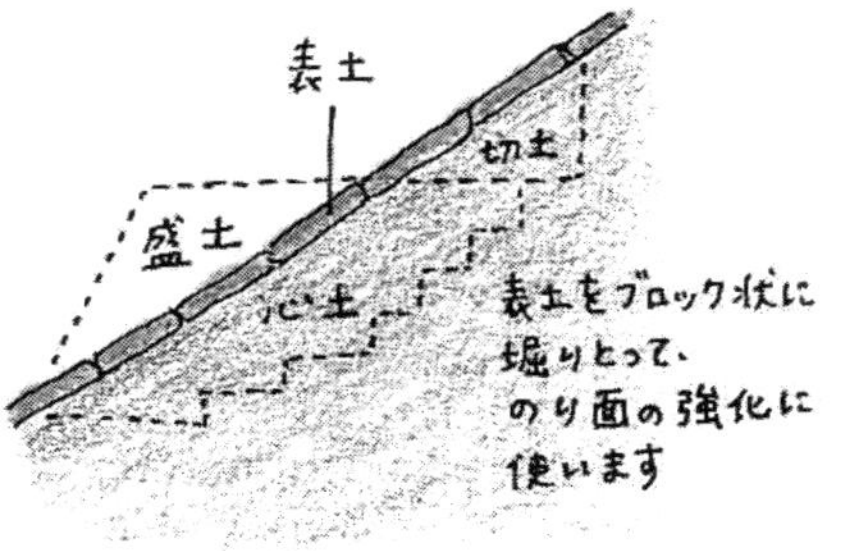

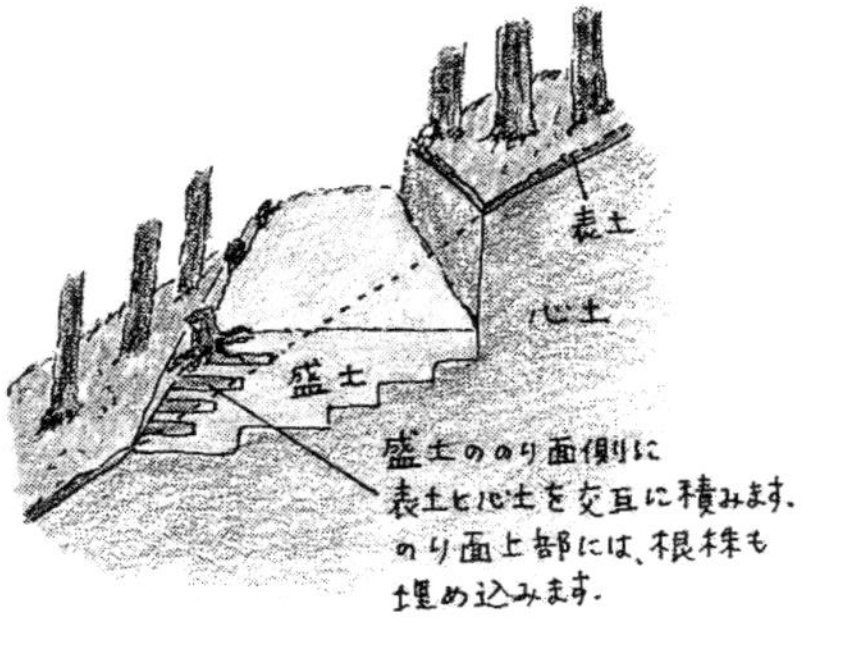

これは、数年前までの田邊さんの道づくりを解説したイラスト。現在は、これをさらに進化させ、表土ブロック積みを廃止、かわりに地山を壊し、土を均一に混ぜ合わせる方法に切り替えている。

それはそれとして――ちなみに二〇〇九年に「天然水の森　赤城」に田邊さんが開いてくれた作業道は、わずか一年で、周囲の森に溶け込むような景観に変化し、度重なる大雨の後でも大きな崩壊を起こしていないだけではなく、いつの間にか、この森の生物多様性にも貢献しつつあるように見える。

つい先日も、この道の脇で昼食を食べていたら、なんと、道の向こうから、アナグマがのこのこと現れ、ふと上を見ると、クマタカが悠然と舞っていた。

その後、日本鳥類保護連盟の藤井幹先生にこの話をしたところ、なんと、このクマタカはアナグマを狙っていたのだろうということだった。あんなに大きな動物をクマタカが襲うなんて、想像もしていなかったので、心底びっくりした。

藤井先生によれば、幅二・五メートルのこの道は、森林性の鷹であるクマタカが飛ぶのにはちょうどいい道幅で、たぶん普段から絶好の狩り場になっているのではないかということだった。

さて、ここで誤解のないように言っておくが、われわれは、田邊さんの道づくりばかりを推奨しているわけではない。

田邊さんの方法は、系譜を遡れば、大阪の大天才・大橋慶三郎さんの道づくりにたどりつく。

田邊さんの道づくりの出発点となった「棚地形の見つけ方」や「葉っぱの葉脈のように幹線と支線を組み合わせる方法」「木組みと緑化によるノリ面の強化」「水の分散法」などは、すべて大橋さんの創案である。

その大橋さんには、たくさんのお弟子さん・孫弟子さんがいらっしゃるのだけれど、中でも極めて完成度の高い理論的整理をされたお弟子さんに、吉野の清光林業会長の岡橋清元氏がいらっしゃる。

岡橋さんは、もともと吉野に二〇〇〇ヘクタールもの山林を有する大地主で、その広大な自社林を、戦後の林業不振下でもなんとか生き残らせようと、大橋先生について道づくりを学んだという人物である。

自分の森に、自分の手でこつこつと道をつけていく。その地道な作業の中で、天才・大橋慶三郎のノウハウは、みごとに理論化・体系化されていったのだと言っていいだろう。岡橋さんという弟子を得たことで、それまで天才が直観でつくっているようなところが多かった大橋式の難解さが解きほぐされ、極めて理詰めで分かりやすい体系ができあがったのだと、失礼ながら拝察している（そういう意味では、天才・田邊さんにも、早く優れた弟子が現れ、分かりやすい理論体系が整理されることを期待したい）。

そういうわけで、「天然水の森」では、岡橋さんや、そのまたお弟子さんにあたる山梨の藤原正志さんにも、道づくりと、その指導をお願いしている。

もう一グループ、兵庫県の北はりま森林組合で、岡橋さんや田邊さんの手法を横目で見ながら、土地の個性を生かした独自の道づくりを始めている藤田和則さんたちの道づくりも秀逸で、彼らには、同じ兵庫の「天然水の森　ひょうご西脇門柳山《もんりゅうざん》」に道をつけてもらっている。

さらに、それぞれの森の特性——地質、地形、気候、植生、そしてなによりもその森の経済的可能性と使用する林業機械の大きさなどを勘案しつつ、どのような道づくりが環境的にも経済的にも、そして使い勝手的にも全体最適なのかという研究を、京都大学の長谷川尚史先生と、東京大学の酒井秀夫先生にお願いしている。

人も育てる

さて、こうして、各地の「天然水の森」に道が出来始めると、この素晴らしいノウハウを、われわれの森だけで享受するのは、いかにももったいないという欲が出てきた。

もちろん、田邊さんご本人、藤原さんご本人に道をつくってもらえば、確実にいい道ができることは、分かりきっている。しかし、それでは、道が出来ればそれまでである。

田邊さんによる道づくり講習会（天然水の森　近江）

そうではなく、われわれの森の中で、田邊さんや藤原さんに講師になってもらい、地元の若手を育てていったらどうだろう。

天才たちの技を若いオペレーターがものにすれば、将来は、彼らの手で、「天然水の森」だけではなく、その周辺の森にも道がついていく可能性が開ける。いったん道がつけば、整備が容易になるだけではない。おそらく、二回目の間伐くらいからは、材を搬出販売して、儲けにつなげる可能性だって出てくる。

道が出来る前までは、お荷物でしかなかった森が、一転、「宝の山」に変わるかもしれないのだ。そうなれば、山主さんたちの意欲もきっと変わってくる。山の整備は、どんどん進むだろう。しかも、山主さんたちが「自分たちの力で」整備してくれるだろう森は、（われわれの森に隣接している以上）ほぼ例外なく、われわれの工場の水源涵養エリアに存在するのだ。

だとすれば、こんなに効率的な投資は滅多にないではないか。

そういうわけで、さっそく、「天然水の森」での道づくり講習会が始まっている。若い力の成長が、本当に楽しみである。


ただし、道というものは、どんなに素晴らしい出来に仕上がろうが、実は諸刃の剣である。道が出来れば、確かに整備は速やかに進むようになる。しかし同時に、やろうと思えば、どんな破壊だって可能になってしまうのだ。

早い話が、山の木を全部伐って売り払ってしまえば、充分な利益が出るようになってしまうのである。

そこまで露骨ではないにせよ、最近、「補助金」をもらって道をつくる山主さんの中に「なすび伐り」という悪質な手に出る例が増え始めている。ナスの実というものは、大きくなった方から順番に切って収穫していく。それと同じように、太くて素性のいい木――要は金になる木だけを選んで片っ端から収穫してしまう伐り方を、そんな風に呼んでいるのである。

いい木が全部伐られてしまったあとには、成長不良のひょろひょろの木、二股三股に分かれた木、曲がった木なんてものだけが残される。それでも行政が定める間伐率は守っているので、文句のつけようはないのだけれど、その風景は、実に荒涼とした寒々しいものになる。

本来、道づくりのための補助金は、山を良くしていくために出されたもののはずだ。長持ちする道をつくって、こまめに整備に通えるようにしましょうよ、という目的だったはずなのに、現実には、こんなことが起こってしまう。

そういう森では、長持ちするはずの道も、あっという間に壊れ、大崩壊の原因になっていく。それはそうだろう。もともと一回しか使う気がなかったのだ。しっかりしたものをつくったって意味がない。補助金のウマミだって、いい加減なものを安くつくったほうが、ぐんっと増す。

ううむ。なんだか憂鬱になってくる。

「天然水の森」の協定を「最低三十年」としているのには、実は、こんな理由もある。五年契約で、道をつくってお返ししたら、あっという間に「なすび伐り」では、なんのための協定か分からなくなる。

あらかじめ「諸刃」のリスクがある道をつくる以上、その後の整備にもきちんと責任を持ちますよ、という覚悟を、「最低三十年」という数字で表明しているのである。

道が出来たら、いよいよ整備

さて、話を「天然水の森」本体の道づくりに戻す。

道が出来ると、森が一気に身近になる。その印象の変化は、正直、驚くほどである。最初の調査時には、藪こぎ・藪こぎの連続で、到着するまでに二時間もかかったような難所が、歩いて二十分、車で五分である。

こうなれば、調査や整備活動も、当然、急速に進み始める。

「天然水の森」では、第一回目の間伐材は、原則として林内の「土留め＝土壌流失防止」に使うことにしている。

われわれが契約する森は、しばしばとんでもなく荒れているため、第一回目の間伐では、立ち枯れや、曲がり材、二股材などの、使いものにならないような木ばかりを伐ることになりがちなのだ。しかし、そういうゴミのような材も、林の中に等高線上に並べてやれば、土壌の流失を止め、風で飛んできた種や、鳥が糞とともに撒いていった種の止まり木になってくれる。

地下水を涵養する森で最も重要なのは、団粒化した土壌をいかに育て、守るかだということは、すでに書いたとおりだが、間伐材による土留め工は、その最初の施策ということにな

材としては使いものにならない間伐材は、等高線上に倒して土留めに利用する。

る。

間伐は、できることなら、一気に強めにやってしまいたい。

地面に光をとどかせ、草や広葉樹の芽生えを促すためには、本数三〇パーセント程度では、到底足りないことの方が多いのだ。

しかし、現実の森では、なかなかそうもいかないことが多い。

密集して、ひょろひょろに細長く育ってしまった「線香林（前にも書いた、お線香をびっしり立てたみたいな林のこと）」の中には、隣同士の木がお互いに支え合うことで、かろうじて立っているなんて森も多い。そういう森の木を不用意に抜くと、全部が一遍に倒れてしまうことがあるのだ。

風が強く抜ける場所や、豪雪地帯での間伐も要注意である。風道に沿って一列に倒れてしまったり、雪の重さで、あっちでボキボキ、こっちでボキボキなんてことになりかねない。そういう場合には、一度に一〇パーセント程度のごく弱めの間伐を、二年に一回くらいのペースで繰り返し行い、ゆっくりと枝や根を育てていく以外にない。ちなみに、間伐への政府の補助金は五年に一度しか出ないので、あとはすべて、純粋な持ち出しということになる。

鹿の多い土地では、強めの間伐をしても、あろうことか、生えてきた草木の苗をすべて鹿が食べてしまうことがある。それはもう見事なもので、文字通り「草一本残さず」にきれいに食べつくしてくれる。

これは、怖い。

間伐すれば、地面に届く雨の量は当然増えることになる。もともと地表を水が流れやすくなっている場所に草が生えてくれなければ、土壌の流失はかえって激しくなってしまう。

一番簡単な対策は、鹿を入れないことである。間伐した森を柵で覆ってしまうのだ。しかし、これには、とんでもなくお金がかかる。「天然水の森」ならば、その出資に耐えることもできるけれど、一般の林業家には苦しいだろう。

（鹿問題には、まだまだ書かねばならないことが多い。それについては、章を改めて、詳しく触れることにしたいと思う）。

自立する森を目指す

針葉樹人工林の整備にあたっては、われわれは、大きく二つの未来像に分けて考えることにしている。

ひとつは、将来「経済林」として成立する森である。

こういう森では、最低限、林床を草木が覆って、直接地面を雨が叩かないという条件で、将来販売してお金になるような木を育てようとしている。背の高い主木は杉やヒノキの生産林として維持しつつ、地表には様々な広葉樹や草がしげっていて、しっかりと土を育み、守ってくれている——そんな森を目指しているのである。

「天然水の森」は、原則として、土地を無償でお借りし、森の整備だけをサントリーが行うという契約になっている。つまり、森に生えている木は、土地所有者のものなのである。特例として、土留めや階段、ベンチなどの林内利用は自由に出来ることになっているのだけれど、それ以外のいい木が伐採できた場合には、出来れば、いい値段で売って、その利益を地主さんに戻してあげたいと思っている。

その際に、山土場あるいは、公共の道に運び出すところまでを森の整備とし、われわれの責任で行っている。道からトラックに積み込み、市場で販売するだけなら、いくら木材価格

手入れ不足のいわゆる「線香林」。土壌が流され、根が浮き上がり始めている。

間伐後数年の杉林。下草が豊かに生い茂り、土壌がしっかりと守られている。

るわけだ。

が低迷していると言ったって、確実に利益がでる。その分が、つまり、土地所有者の懐に入

もうひとつの目標は「針広混交林」である。

高標高の人工林の中には、曲がり木や成長不良の木ばかりという、どう頑張っても「経済林」にはならないという森も多い。

そういう森は、いっそのこと全部伐って、広葉樹林にすべきだという声もよく聞くのだけれど、その方針には、あまり賛成できない。

どんな場合でも、山の「皆伐」は危険を伴う。

伐った木の根っこが腐る前に、植えた木がしっかりと根を張ってくれればいいのだけれど、一般に広葉樹の苗は杉・ヒノキよりも成長が遅いのである。そのため、植樹の十年後くらいに杉・ヒノキの根が腐ってがけ崩れを起こし、元の木阿弥になってしまうという失敗例が結構ある。

というわけで、「天然水の森」では、自然に混交化が始まっているような森では、ゆっくりと針葉樹を伐って広葉樹の成長を促し、杉・ヒノキばかりしかないような場所では強めの間伐をすることで、自然な実生を促すことにしている。

その場合、残す木の選び方も、「生産林」の考え方とは別にしている。生産林では、あまりにも成長のいい木は「暴れ木」といって真っ先に伐り倒される。こういう木は、年輪幅が大きいために柔らかく、しかも枝が太いために節も大きくなるので、材として嫌われる傾向があるからだ。

しかし、混交化を狙う際の主木としては、むしろこちらの方がいいのではないかと思っている。上部の成長がいいということは、根の成長もいいことを意味している。つまり、根による土壌保持力も大きいのだ。その上、太い枝の付け根は、猛禽類などの巣作りにも最適である。

そういう意味では、二股・三股の木も残す価値があるかもしれない。猛禽を始めとする大型の鳥たちは、そういう場所に枯れ枝などを積み上げて巣をつくる。

彼らが最も好むのは松やモミなのだけれど、肝心の松の巨木が松枯れでどんどんなくなってきているので、それに代わる木として、形の悪い杉を育てるのも、ひとつの手かなと考えだしているところである。

植樹は、原則として行わない。あえて植えなくても、風に舞ってきた種、鳥が糞と一緒に撒き散らしていった種、ドングリのように斜面をころがってきたり、雪に乗って流されてきた種で、自然にたくさんの苗が芽生えてくる。自然に生えてきた木は、たとえ同じ樹種でも、無理をして植樹をした木よりも強いことが多い。病虫害を受けにくく、成長も早い。

鹿がまっさきに喰うのも、なぜか植樹をした苗である。育てた苗木には化学肥料が使われていることが多いので、葉っぱが柔らかいからだとか、自然界ではミネラル分はとても貴重なので、虫や鹿は、化学肥料の匂いに寄ってくるのではないか、などと言われているけれど、本当のところは分からない。いずれにせよ、自然のことは、可能な限り自然にまかせたほうがいいということだろう。

ただし、「天然水の森　奥多摩」の一部には、例外的に植樹による針広混交化を目指している森もある。東京都には、石原都知事の方針で、杉・ヒノキの民有林を都が仲介する形で小面積皆伐し、そこに「花粉の少ない」杉・ヒノキを植えようという運動がある。なにもいまさら杉・ヒノキを植えなくてもいいだろうと思わないでもないけれど、ま、そこは他ならぬ石原都知事の方針である。サントリーも一部は協賛しようということで、一三ヘクタールという小さな面積での植樹活動を行っている。

ただし、ここでは、東京農大の菅原泉先生の監修を受け、当初から針広混交化を狙うという、ちょっと珍しい植樹実験もしている。

山の斜面を尾根筋、谷筋、中腹の三つにおおまかに分け、急斜面の中腹に位置する崩壊危険地には成長の早い杉を植え、それ以外の場所は、「適材適所」というか、林業用語でいう

菅原先生の指導による植樹

「適地適木」の原則で、様々な木々を混植している。乾燥した尾根筋には、ヤマザクラやクリ、コナラなど、水に恵まれた谷筋にはトチノキやカエデ、ケヤキ、シオジなどの山取り苗（近くの山で種を採集して育てた苗）を植えている。

広葉樹の大苗と杉の小苗を混植し、下から杉に追いかけさせることで、広葉樹の幹をまっすぐ上に伸ばし、材木としても使い勝手のいい木を育てるような実験も行っている。五十年後には、ケヤキやトチなどのほうが、杉・ヒノキよりもはるかに高く売れる状況が来ているかもしれない。そういう未来に備えておくのも、森を預かる者の責務のひとつなのではないかという考え方からである。

ちなみに、針広混交林は、「生物多様性」という意味では、広葉樹だけの森よりも豊かになると言われている。たとえば鳥類ひとつをとっても、種類はずっと多くなる。先ほども触れたように、オオタカやクマタカなどの猛禽類が巣をつくるのは、たいていモミや松の巨木で、純粋な広葉樹林にはまず営巣しない。

奥山の荒廃人工林を混交化するのには、長い長い歳月が必要になるだろうけれど、百年後に、杉やヒノキの巨木と、様々な広葉樹が入り混じる森が出来上がれば、それはそれで、とてもいい風景になるのではないかと期待している。

森林組合の悩み

ところで、森の総面積が五〇〇〇ヘクタールを超えてきたころから、「人材育成」しなければならないのが、「道づくり」だけではないという深刻な問題が見えてきた。「天然水の森」の整備は、基本的に、地元の森林組合や林業会社にお願いしているのだけれど、その技量に、あまりにも大きなへだたりがあることが露呈しはじめたのだ。

熊本の矢部愛林さんや、兵庫の北はりま森林組合さん、東京の東京都森林組合さんや東京チェンソーズさん、山梨の藤原造林さんや細田工務店さん、京都の京都市森林組合さんのように、若くて優秀な社員、組合員さんをかかえ、素晴らしい技量をお持ちの会社・組合がある一方で、林業の基本さえ身につけていない組合があったりするのである。

とある「天然水の森」でのこと。

緊急に間伐しなければならない、手入れ遅れのヒノキ林が広大に広がっていたのだが、な

にしろ人員不足で、そんな広さには、到底対応できないという。で、仕方なしに、

「じゃあ、とりあえず、道沿いから始めましょうか」

と提案した。幸い、その森の中には、国道とも見まごうような立派なスーパー林道がついていたので、その両側をまずはきれいにするところから始めるしかないか、と妥協しようとしたのである。ところが、

「道沿いはいやだ」

と言い始めたのだ。その理由を聞いた時、ぼくは、本当に卒倒しそうになった。

「道沿いの木を伐って、ガードレールを壊さない自信がない」

というのである。

信じられますか⁈

この組合の皆さんは、自分たちが思った方向に木を倒すことが出来ないらしいのだ。

その後、さらに、というか、案の定というか、彼らが、山の測量の経験も、道づくりの経験も一切なく、それどころか、収穫するために木を伐った経験さえ一度もないことが判明した。そのため、伐った木をどういう長さに採寸すべきかとか、トラックにどう積み込めばいいかなどという、基本中の基本も分からないというのだ。

「だって、こともあろうに、私にやり方を聞いてくるんですよ！」

一年前に営業からぼくのところに異動してきた課長の岩崎良が、目を丸くして、そう報告してきた。

ひっくり返りそうになったぼくは、

「まさか、教えたんじゃないだろうな?!」

思わず、心配になって聞き返してしまったものだ。

ちなみに、この岩崎は、営業出身者に骨までしみついている「予算達成意識」をもって、七〇〇〇ヘクタールという数字に向かってしゃにむに突き進むことになる。彼がいなければ、目標達成は難しかったかもしれない。

話題づくりにも事欠かない。とんでもなくでかい図体で鹿道（山の中に鹿がつくったケモノ道）を歩き、鹿も崩さなかった斜面を崩してまわったり、急斜面ですべって危うく地縛霊になりかけたり、そうかと思うと、林道に崩れ落ちている、普通なら絶対にどけられそうもない岩やら倒木やらをひょいひょいと片付けて見せたりする。けわしい山道で某先生を背負ったこともあった。

そうそう、ある時ぼくが『最新・樹木根系図説』という八万円の本を注文したら、八万円という値段に驚いたのだろう。「この本は本当に必要なんですか!!」血相を変えてすっとんできた。この図鑑は、著者の苅住昇さんが一生をかけ、あっちの木、こっちの木を掘り返し、樹種ごとの根っこの形を記録したものすごく貴重かつマニアックな本で、急斜面を安定させるためにどんな樹種を組み合わせるかを検討する際などに最良の資料となる。その待ちに待った新版だったのである。そういうわけでぼくは岩崎をひとにらみし、すかさず「君よりは必要だ」と言ってやった。いったいどんな顔をするかとワクワクしていたら、つまらないことに、ガハハと笑って「分かりました」と敬礼しやがった。どうでもいいようなことだけれど、ま、そういう奴である。

話を元に戻して、さて、結局、この組合の皆さんには、その道の第一人者である京都大学の長谷川先生と住友林業さんにご足労いただき、間伐の際の選木（どの木を残し、どの木を伐るかを選ぶこと）の仕方から、伐倒の仕方、伐り捨てた木を等高線上に並べる方法など、すべてをゼロから教えていただくことになった。

もっとも、この講習の成果は、予想をはるかに超えていた。

「天然水の森」で実際の仕事をしていくうちに、みるみる上達し始めたのだ。

要は、仕事がないから何もやらず、何もやらないから、何ひとつ身につかなかったというだけのことで、潜在的な能力がなかったわけではないのである。

（ちなみに、こういう話をいま「笑い話」として書けるのも、短期間に問題を解決し、見違えるほどに頑張り始めてくださっている現場の皆さんの姿があればこそである。かっこうの

「話の種」をご提供くださった皆さんには（笑）、心より感謝を申し上げたい）。

理想的な実験区

さて、しかし、である。

こんな風に、針葉樹の人工林を強めに間伐し、地面に草が生えてくれれば、地下水の涵養力は高まるに違いないと、ぼくらは推定しているのだけれど、じゃあ本当にそうか、という問いには、まだまだ学問的に答えることが出来る状態にはない。

この状況は、いかにも歯がゆいではないか。

ということで、どなたかと共同研究をしたいなと考えていたところに、筑波大学の恩田裕一先生から、大学で「天然水の森」のセミナーをしてくれないかという依頼があった。

恩田先生とはだれだ、と思って調べてみたら、なんとクレストという国家プロジェクトで、「荒廃人工林の管理により流量増加と河川環境の改善を図る革新的な技術の開発」という、まさにうってつけの研究をなさっている方だったのである。

水源涵養の森をやっていながら、そんなことも知らなかったのかと怒られそうだが、ごめんなさい、ちっとも知りませんでした。

しかし、いったん知ってしまった以上、この方に共同研究をお願いしない手はない。

ぼくの講演なんて、どうせ大した内容じゃないので（なにしろ、課長の岩崎が予定表に書きこんだ文字を見たら「公演」と書いてあったくらいだ。それじゃあ、落語だろう!! と思ったけれど、いや待てよ、落語なんて言ったら落語家の皆さんに失礼だなと反省し、じゃあ、いったいどうすればいいんだ、ま、どうでもいいや、ということで、そっちは適当にこなすことにして）、当日、ぼくは恩田先生に会うことを楽しみに筑波に向かった。

その結果、恩田先生とは、岐阜県の東白川村に新規に設定した国有林で共同研究を行うことになったのである。先生の研究は、荒廃したヒノキ林の中の同じような斜面で、同じような場所から水が湧いている、面積的にもほぼ同じ流域を二カ所選びだし、一年間にわたって林の外の雨量と林の中の雨量、そしてヒノキの樹幹を流れ下ってくる水の量と、湧水の量を測定しておき、翌年に片方の流域のヒノキを半分間伐して無間伐林分と比較、さらに翌年には、前年無間伐だった区画も強間伐し、以後の変化をモニタリングしていこうというものだ。

先生は、すでにクレストの研究で、各地の大学演習林におけるデーターを測ってこられたのだけれど、実のところ、大学の演習林というのは、長年にわたって、様々な研究者が様々な実験のためにいじってきた場所が多い。つまり、今回われわれが提供した東白川の森のような、まったく手が入っていない放置林（それが国有林の中にあるってのも、ある意味すごいことなんだけど）なんていう「理想的な」実験区には、いままで出会うことが出来なかっ

恩田先生の実験プロット。林内雨と樹幹流を測定している。

湧水量を測る量水堰。

たのだそうだ。

先生の仮説は、荒廃林で強めの間伐を行えば、枝葉による遮断量が減るため、地面に届く雨の量は当然増える。そこに草が生えてくれば、土壌への浸透のしやすさが増え、木の本数が減った分だけ根が吸い上げる量も減るため、地下水の量は増えるというもので、その理屈は非常に分かりやすい。後は、単純に証明だけである。

という訳で、人工林の管理法による地下水涵養力の増加については、ほどなく、ご報告が出来るのではないかと思っている。

ヒノキ林の怖さ

ちなみに、恩田先生によると、地下水涵養という意味では、同じ針葉樹林の中でも、ヒノキの放置林が最も悪いのだそうだ。

同じ針葉樹でも、杉林では、枯れ葉が地面に積もるため、土が剝き出しになることは滅多にない。ところが、ヒノキの葉は、枯れると細かい鱗片に分解して、ちょっとの雨でも容易に流されてしまうのだ。つまり、間伐が遅れ、林内がまっくらになると、いきなり地面が丸裸になりがちだということだ。

その上、ヒノキの葉は、生きている間は大きな掌状をしているため、降った雨を集めて大

下枝が枯れ上がったヒノキ林。こういう森が、全国いたるところにある。

粒に育ててから地面に落とす。

草や枯れ葉に守られていない丸裸な地面を、大粒の雨が叩くのだ。雨滴衝撃による土壌浸食は、当然無視できないものになる。

しかも、ヒノキの根は浅い。雨で土が流され、根が洗い出されていくと、風や雪の重みで、木そのものが、ひっくり返りやすくなっていく。木がひっくり返れば、土壌の流失はさらに激しくなる。ひどい場合には、斜面全体がころげ落ちてしまうこともある。こうなっては、地下水の涵養どころではない。

斜面の崩落は、長年かけて培ってきた森林土壌が、すべて失われることを意味しているのだ。

ちょっと前までのぼく自身も含め、ヒノ

キという木は、なんとなく杉より上等で、環境的にも杉なんかよりいいんじゃないかというイメージがあるように思うのだが、どうやら、実態はそういうものではないらしい。

ついでに言うと、放置されたヒノキ林では、枯れ上がった枝がなかなか腐らないため、そのまま残っていることが多い。

まるであばら骨が林立しているみたいで、大変不気味である。

しかも、こういう木は、成長するにつれ、枯れた枝を巻き込みながら太っていくので、材木にすると節穴だらけになる。

節も模様だよ、という人もいるが、それは生きている枝がつくった節、つまり「生き節」に関する話である。いっぽう、ヒノキの枯れ枝がつくる節は「死に節」といって、ちょっと指で押すだけでスポンと抜けてしまう。つまり、穴だらけの板になってしまうのだ。

こんな板は、さすがに使い道はない。枝打ちを怠った放置ヒノキ林は、環境にとって悪いだけではなく、材木としても二束三文になりかねないのだ。

森をあずかる者として、これではやっぱりまずいだろうということで、各地の「天然水の森」では、山仕事が比較的少ない夏場に、枯れ枝打ちの発注をしている。もっとも、暑いさなかに人力で枝を打つのは、さすがにハードなので、阿蘇の山では、実験的に、一部「やまびこ」という自動枝打ち機を使っている。

木の幹をくるくると回り、枝を切り落としながら登っていく機械で、その様子は、見ていてなかなか気持ちがいい。まっすぐな幹でないと途中でひっかかってしまうとか、最低二台は持っていないと、操作する側の人間が遊んでしまうとか、まだまだ問題は残しているものの、それなりに成果を上げている。

もっとも、残念ながら、この機械の評判は一般的にはいまひとつのようだ。

ひとつ前の世代である「与作」という機械が出来た時、発売元が大々的に発表会を開いたのだが、大勢の見学者が見ている前で、「与作」は木の上のほうでひっかかってしまったのだという。

主催者は、必死になってリモートコントロールで引き下ろそうとしたのだが、その奮闘もむなしく、「与作」はびくともせず、結局主催者は、みんなが見ている前で、その木を伐ることになってしまったのだという。

見学者の間からは、誰からともなく、

「ヨサクハ、キーヲキルー、ヘイヘイホー」

という歌声があがったという……ま、ウソかマコトか分からないような伝説が広く流布していて、それが二号機「やまびこ」の足も引っ張ってしまったようだ。現在、この製造元は「やまびこ」も終売し、林業機械事業そのものからも撤退してしまったということだが、もう一息の改良と使い勝手の工夫で、多分素晴らしい枝打ちシステムが完成しそうな予感がしていただけに残念である。

死に節のない材をとるためには高さ八メートルまで、林内の光環境を整えるためには、場合によっては十数メートルの高さまでの枝打ちを行う必要がある。それを人力でやるのは、いかにも無理がある上に危険である。

日本の林業の未来のためにも、どこかのメーカーがこの分野に再挑戦し、更なる改良に邁進していただきたいと願っている。

話は変わるが、ヒノキの枯れ枝打ちは、四メートルくらいの高さまでならば、ボランティアでも出来る比較的簡単で安全な仕事である。

というわけで、わが社では、社員の環境教育の一環として、この枯れ枝打ち体験をしてもらっている。高枝ノコをつかって、間伐がすんだヒノキ林の枝を切り落とす作業をしてもらうのだけれど、林内が見る見る明るくなっていく様子には、意外なほどの達成感がある。最初はブーブー言っていた人間が、途中から目の色を変えて切りまくりだし、終了時間が来ても「まだまだやり足らないぞ」などと言って、ノコギリを手放したがらなくなる様子には、思わず笑い出したくなる。

ただし、繰り返すようだが、これはあくまでも「環境教育」である。

したがって、われわれは、「社員の力で森林整備をしています」なんてメッセージを出す気は毛頭ない。本格的な森林整備は、素人に出来るようななまやさしいものではない。間伐みたいな危険な作業を社員にやらせたりしたら、木を間伐しているのか、社員を間伐しているのか分からないようなことになりかねないではないか。

そうそう、ある時、人事の人間に、枝打ちのついでに、プロによる間伐を見学させたらどうだと提案したことがある。

それ自体はいい提案だったはずなのに、つい調子に乗って、

「新入社員を連れてって、皆さんも今はこんなにたくさんいますけど、木と一緒で、形のわるいのとか、成長が悪すぎたり良すぎたりする木は、そのうち、みんな伐られちゃうんですよ」

と解説したらどうか、と口をすべらしたために、ボコボコに怒られるはめになった。

「ただの冗談じゃん」

と、聞こえないような小声でつぶやいたら、さらにボコボコに怒られた。冗談も、言っていい相手と悪い相手がいるということを学んだ瞬間だった（学んでないけど……）。

第四章
森を脅かす思わぬ難敵

消えた笹

「サントリー天然水・南アルプス」の工場見学に行くと、時々、工場の敷地内を鹿が走っているのを見かける。

ちなみにこの工場は、サントリーの二番目のウイスキー工場「白州蒸溜所」と同じ敷地内にあるため、ウイスキーと水の二つの工場を一度に見学することが出来る。

工場の敷地七五ヘクタールの内の五〇ヘクタールを森のままに残している世界でも珍しい森林工場で、森の一部は鳥の聖域「バードサンクチュアリ」として整備されており、遊歩道ではバードウォッチングを楽しむこともできる。

工場見学の後には、水の飲み比べとか、ウイスキーの水割りも体験できる。

水割りなんか、どこでも飲めるだろうと思うかもしれないけれど、どうしてどうして、これがうまい!! のだ。ウイスキーは、マザーウォーターと呼ばれる「仕込み水」で割って飲むのが一番だとよく言われているのだけれど、その定説の正しさを、ぜひ、ご自分の舌でお確かめいただきたいと思う。緑につつまれた場内のレストランで、樽材でいぶした燻製と一緒に飲むのも、またオツである。

と……いったいぼくは、なにを言おうとしていたのか?

そうだ、鹿だ!!

場内で鹿を見かけた見学者は、ほとんど一人の例外もなく歓声をあげる。

案内担当のパブリシティ・ガールたちも、バスの中でいきなり鹿害の解説なんかを始めるわけにはいかないので、

「こんなにも、豊かな自然のなかで、サントリー製品はつくられているんですよ」

なんてことを言って、お茶をにごしているのだけれど、実態は、そんなになまやさしいものではない。

鹿という動物は、いまや日本の至る所で増えに増え、自然界に対する深刻な脅威になりつつあるのである。

いまから二十年ほど前まで、ぼくは、ウイスキーの広告をつくるために何度も工場の裏山に登っていた。

この工場で汲み上げている地下水は、主に裏山の神宮川流域を涵養エリアにしているため、この川の周囲の美しさは、工場のアピールポイントのひとつだったのである。

その頃の裏山の林床には、スズタケやミヤコザサといった高さ一メートルほどの笹がびっしりと生えていて、道以外の場所に分け入るのが、とても難しかった。

両腕で笹を掻き分けながら進まなければならないため、わずか数百メートル進むのにも、どうかすると数時間かかってしまうことさえあった。

ところが、である。

二〇〇六年に「天然水の森　南アルプス」を設定するための事前調査で、再び入ったこの森は、実に歩きやすかったのである。

あれほど密生していたはずのスズタケが一本もなく、標高一五〇〇メートルくらいから上に生えているミヤコザサも、背丈がわずか一〇センチくらいしかなくなってしまっていたのだ。

これは、いったい何だ?!　と、ぼくはわが目を疑った。

「目」の次に疑ったのは、自分の記憶である。笹が密生していたというのは、どこか他の山

標高1600メートル地点のミヤコザサの食害。本来なら腰のあたりまであるはずの笹の丈が、わずか10センチほどしかなくなっている。

の記憶だったんじゃないかと、自信がなくなってきたのである。

調査に同行していたスタッフの三枝も、

「もともと笹なんか、なかったんじゃないすか」

なんて、頭から人の記憶を疑うので、本気で自信を喪失しそうになったものである。

しかし、そういう時のぼくはしぶとい。

道わきに入り込み、草一本なくなっている地面の土を手で払ってみた。

すると、どうだ。すでに枯れてはいたものの、明らかにスズタケのものとしか思えない笹の根茎が、網の目のように残っていたのである。

となると、次の疑問は、あれだけあった笹が、一体なぜ全滅してしまったのかということだ。

それが、ぼくにとって最初の「鹿の食害」との出会いだったのである。

鹿軍団がやってきた

鹿問題について詳しく教えてくれたのは、神奈川県の「丹沢大山自然再生委員会」の面々である。

この委員会は、神奈川県が多くの学識経験者や市民、自然保護団体、NPO、企業などに声をかけて組織したもので、この種の委員会としては、全国でも最も先駆的な成果をあげている団体のひとつである。

この委員会に、サントリーは、寄付だけ出して口は出さないという理想的なメンバーとして参加していたのだけれど、ぼくの代になって、ごめんなさい、口も出すようになってしまった。

のちにわれわれは、この委員会の中に「丹沢大山自然再生プロジェクト」という、企業やNPO団体が、いっそう積極的・自発的に保護活動に取り組むことが出来る制度をつくってもらい、その第一号として五七七ヘクタールの森を対象として、「サントリー天然水の森 丹沢自然再生プロジェクト」という活動を始めることになるのだが、それはまだ先の話である。

今はそう、鹿問題だ。

丹沢で鹿の食害が表面化したのは、すでに一九七〇年代と早く、二〇〇〇年頃には、各地でスズタケを始めとする下層植生が鹿に喰われて全滅し、激しい土壌流失が始まっていた。

そういう中で、二〇〇四年の三月から、二年間にわたる自然環境の「総合調査」が行われ、二〇〇五年からは、県の水源環境保全税を使った「かながわ水源環境保全・再生　実行五か年計画」がスタート。翌二〇〇六年からは、前述の「丹沢大山自然再生委員会」が組織され、その監視のもとに「丹沢大山自然再生計画」に基づく県の再生事業が始まった。

鹿問題は、これら二つの事業の重要課題のひとつに位置づけられ、鹿保護のための頭数調整や、鹿柵による植生保護、土砂崩壊防止工などの対策が次々にとられていった。

鹿の食害対策としては、まちがいなく、日本のトップを走っている県だと言っていい。

しかし、それほど対策が進んでも、なお、先行きは不透明な状況である。

鹿柵の設置によって地表を草が覆い始めているなと思って、丁寧に見てみると、生えているのは、鹿の不嗜好性植物――つまり、鹿があまり食べない種類の植物だけで、かつてのような複雑な植生の回復までに、どれほどの歳月がかかるのかは、まだ、誰にも分からない状況なのである。

鹿柵の内外の植生差。外側には草一本ない。

やがて斜面の崩壊が始まる

対して、南アルプスはどうか。

現状は、丹沢が最も悪かった時期に、ほぼ近いように見える。

スズタケが喰い尽くされた場所では、部分的な斜面崩壊が起こり始めている。

一時期、急に増えたように見えた鹿の不嗜好性植物――トリカブトやフタリシズカ、テンニンソウのような草も、いまでは鹿の餌食になり始めている。

「トリカブト」って、毒草の代名詞になってる、あのトリカブトですよ。ウソかホントか知らないけれど、飲んだら十秒で心臓が止まるなんてうわささえある猛毒植物である。

そのトリカブトでさえ、(春先の毒の少ない時期を選んではいるみたいだけど）あっけらかんと食べちゃうのである。テンニンソウも、秋口に糖度が上がって不味さに歯止めがかかった時期を待って食べてしまう。

フタリシズカは、その名の通り、春に二本の穂のような花を咲かせるのだけれど、鹿に苛められると、それに抵抗するのだろうか、花穂を四本、五本、六本と伸ばすようになる。これじゃあ、フタリシズカどころか、ゴニンウルサイだろう、なんて冗談を言っているのだけれど、草本人にしてみれば、静かにしていたら、もっと喰われちゃうんじゃないかと怯えているのかもしれない。

冗談はさておいて、つまりは、増えすぎてしまった鹿の飢えが、それほどまでにひどくなっているということなのである。

高木層でも、モミのような、皮がおいしい木は、根本のあたりの樹皮を剝かれて枯れ始めている。

ブナやケヤキ、ヤマグリ、種々のカエデやカバの木の仲間など、すでに鹿の口が届かない高さまで成長し、しかも樹皮を鹿が好まない木は安泰なのだけれど、ただし、鹿の口が届く二メートルくらいの高さまでに生えている枝は、全部喰われてなくなってしまっているため、人が歩く高さくらいまでは、枝一本なく、実に見通しのいい山になっている。

都会の人を連れていくと、

鹿に皮を剝かれたミズキ。

「こんな山奥を、よくもまあ、こんなに綺麗に整備しましたねえ」

と感心してくれるのだけれど、とんでもない。こういう山は、いつ崩れても不思議はないのである。

二〇〇八年に設定した「天然水の森　南アルプス」の敷地内には、設定の五年ほど前に、「保安林改良事業」の名のもとに、下層の小灌木を皆伐し、かわりに将来の主木になるはずの、ケヤキ、モミ、ヒノキ、スギ、ヤマハンノキなどを二万本ほど植栽した区画があるのだけれど、ここの状況が最もひどい。

鹿が喰わないからこそ残っていたはずの小灌木をわざわざ伐り、その跡地に鹿が好んで喰う樹種を植えたのだから、ひとたまりもなかったのだろう。地表の植生は完全に消滅し、山の形が変わるほどの土壌流失と大崩壊が始まっている。

これ以上、鹿が増えれば、自然環境へのダメージは計り知れないものになるだろう。かつては鹿が住んでいなかった二〇〇〇メートル級の高山にまで、鹿は進出し、希少な高山植物をも喰いつくしつつある。下層の植生が消滅するということは、その植物に依存している昆虫なども絶滅し、その昆虫に依存している鳥類も激減することを意味している。

草を食べる昆虫は、その食傾向からスペシャリストとゼネラリストに分けられる。アゲハチョウの幼虫がミカン科の葉だけを食べ、ギフチョウの幼虫がカンアオイの仲間だけを食べるように、単独の食草に依存しているのがスペシャリスト、アメリカシロヒトリのように何でも食べるのがゼネラリストである。そして、鹿による食害の影響を最も深刻に受けるのが、スペシャリスト系であることは、容易に想像がつくだろう。悪いことに、スペシャリスト系の昆虫は、極めて多いのだ。

鹿という単独の種類だけが異常に増えることは、他のたくさんの種にとっては、深刻な脅威となるのである。

生物多様性にとって、もはや看過できない事態になりつつあるのだ。

このあまりの惨状を分析解明し、出来れば少しでも快方に向かわせるために、「天然水の

森　南アルプス」には、全国から多くの先生方が結集してくださっている。

崩壊地の保護と土壌流失の実態を研究・指導してくださっているのは、東京農工大学の石川芳治先生である。先生の指導のもとに、大規模崩壊地の階段工と緑化（京大の谷先生にご案内いただいた滋賀の田上山の緑化とほぼ同じもの。ただし、植樹は今のところせず、自然な実生を見守っている段階）、斜面の土留め柵、ヤシネットによる土壌の保護、鹿柵の設置などを急いでいる。

ここで崩壊地について、ひとこと付け加えておくと、山の中にある崩壊地には、何万年何億年という時間の流れの中で、崩壊すべくして崩壊している場所と、人間が手を出した結果としての崩壊地の二つがある。前者に対しては、人は手を出すべきではない。白州で手当をしているのは、当然後者である。この崩壊地は、もともとあったモミやツガ、ミズナラ、カエデなどを主木とする自然林を、四十年ほど前に伐り、カラマツを植えた場所に位置している。モミやミズナラは、太い根を地下深くにまでまっすぐに伸ばして斜面に対して杭の役割をはたし、一方ツガやカエデはきめ細かい根をびっしりと張って土をつかむ役割をはたしてくれる。つまり、これらの木が主木の山は崩れにくいのである。そういう貴重な木を伐って、根の浅いカラマツの純林をつくろうとしたのだから、当然、斜面は不安定になる。幸い、植林地のほとんどは、伐った木の根が腐る前にカラマツがそれなりに根を張って安定してく

「天然水の森　南アルプス」における階段緑化工。周辺の間伐材を利用して階段工を施してから、将来は土に還るヤシ製のネットで表面を覆い、全体を鹿柵で囲って自然な緑化を待っているところ。右上から下に、工事前の遠景、近景、間伐材の運搬。左上から、ヤシネット工、完成した全景、芽生えてきたカラマツ。

れたのだけれど、中にはカラマツの成林前に根が腐った箇所もあり、そういう場所が大きく崩れているのである。その崩れの周辺を、この十年ほどは、さらに鹿が喰い荒らし、崩壊を一層広げているというのが現状である。階段工をほどこした場所についても、最終的に斜面を安定させるためには、もう一度、モミ・ツガなどの力を借りる必要があるのかもしれないな、と考え始めている。

一方、鹿の食害を受けた土壌が、どんな状況にあり、いまはまだ健康そうに見える高木層の栄養状態がどうなっているかを把握するため、いくつもの試験地で穴を掘り、土壌サンプルを分析してくださっているのは、九州大学の金澤晋二郎先生である。すでに還暦を過ぎていらっしゃるにもかかわらず、急峻を極めるこの山に何度となく足を運んでくださり、とんでもなく重い土壌サンプルを運びおろしてくださる熱意には、頭が下がる。

先生の研究により、風化花崗岩で出来ているこの山では、鹿の食害によって表層土壌が流失すると、その下の土が極端な貧栄養に陥ることが明らかになった。つまり、ここに立っている大木たちは、いつ弱って倒れるか分からないということだ。大木が根返り始めたら、それこそ取り返しのつかない大崩壊が始まってしまう。そんな悪夢が現実になる前に、土壌の保護と育成を図る必要がある。残された時間は、もうあまりない。

筑波大学の辻村真貴先生は、神宮川流域にある数多くの湧水ポイントで水質を分析し、それぞれの水齢（水の年齢）を測り、それらの湧水が、地下のどのような経路をたどって旅してきているのかを推定するとともに、山体全体にどれくらいの量の水が含まれているのかを推定してくださっている。

この研究により、周囲の環境に負荷をあたえずに、工場で汲み上げてもいい水の量が算出できる。いま山を守っておかなかったら、何十年後には、工場の操業に悪い影響が出かねないよという警告も、この研究から受けることができる。われわれの活動を背後から支えてくれる重要な研究である。

東大の徳永朋祥先生は、もっと小流域で、地下水の流動を調査してくださっている。似たような条件の湧水地点を二つ見つけておき、それら二つの湧水の直下に量水堰を設置、湧水の上には観測用の井戸を掘り、雨量と湧水量、地下水の水位、それぞれの水質を追跡していく。

それらの観測結果を辻村先生の分析値に重ね合わせていくわけだが、ここにきて、どうもこの山の地下水は、一筋縄ではいかないのではないかという観測結果が出始めている。地上から観察するとものすごく小さな集水域しかないように見える湧き水の水齢が十年以上あったり、あるいは水量が明らかに多すぎたりするのである。してみると、地下の深いところで、はるかに遠くからの水が流れてきている可能性が高くなる。

もともとの計画では、ふたつの湧水を一年間追跡した上で、片方の流域を鹿柵で囲い、植生の回復が水質や水量にどのような影響を与えるかを調べる予定だったのだが、まずは集水域を正しく確定しておかないと、鹿柵で覆うべき場所を間違えてしまいかねない——という ことで、鹿の食害が、水質・水量にどのような影響を与えているかについての実証は、当初思っていたよりも、時間がかかりそうである。

ちなみに、徳永先生の直観では、この山の花崗岩は、非常に深いところまでボロボロに風化している箇所が不規則にありそうだということである。おそらく、造山期に硫酸などの強い酸を含んだ火山性のガスや熱水が突き抜けた箇所があり、その部分が、すでに山が出来た直後から風化してしまっているのではないかというのだ。

だとすれば、地下水は地上から見た分水嶺を越えて、はるかに遠くからやってきている可能性もある。主要な涵養エリアは神宮川流域で間違いないのだろうけれど、ううむ、地下水というのは、やっぱり奥が深いもののようなのだ。

なぜ鹿は増えたのか

それにしても、どうして、鹿は、こんなにも増えてしまったのだろうか。

世上言われるように、狼という天敵を絶滅させてしまったのは、大きかったろう。

狩猟制限が行き過ぎたということも間違いない。

実のところ、日本の鹿は、戦後に一度、絶滅の危機に瀕している。戦後の食料不足を少しでも補おうという、やむにやまれぬ事情もあったのだろうけれど、一方で、占領軍による狩猟圧が最も大きかったのだという説もある。占領軍は、人間に対しては、意外なまでに人道的にふるまってくれたようだけれど、銃を持った軍人に狩猟への衝動まで我慢させるのは無理だったというのである。さもありなんではある。この時期に全国の鹿は、ほとんど一網打尽状態に追い込まれてしまった。

その反動で、今度は、過剰なまでの保護政策がとられた。

不運だったのは、その保護の時期と、拡大造林——里山や奥山の雑木林を伐って杉・ヒノキに植えかえようという国民運動の時期が一致してしまったことだ。鬱蒼とした森を伐って、背の低い苗木を植えれば、当然、五年、十年にわたって、大量の草が生えてくる。

その草が、鹿たちの餌になっていることに、当局は気がつかなかったのだと思われる。ほとんど無制限の餌を与えられた鹿たちは、驚くべきスピードで繁殖したはずだ。しかし、その実態に気づかないまま、保護政策は続けられてしまった。

「絶滅寸前に追い込まれた」というトラウマは、よほど強烈だったのだろう。すでに充分以上に増えていたと推測される時期になってさえ、オスだけしか狩猟解禁しないという、訳の分からない政令が出されている。鹿という動物はハーレムを組む。従って、オスをいくら獲ったところで、残されたオスが大喜びで全部のメスに種付けしてしまうのだ。

一方のメスは、二年目からすでに二割ほどが妊娠し、三年目からは九割がたが妊娠する。そういう状態で十歳くらいまで妊娠を続けるのである。数年前になって、ようやくメスも解禁になったのだけれど、すでに手遅れのように思えてならない。

かつての死亡原因のナンバーワンは、冬の積雪による一年仔の凍死だった。ところが、温暖化で雪が降らなくなった。

猟師が高齢化して、山に入らなくなったのも鹿の増加に拍車をかけている。

鹿の生息域が、どんどん高標高に移っているのも大きい。一五〇〇メートルを超えるような急峻な山で猟をするというのは、若く壮健な猟師でも難しいだろう。

さらに最近は、人工林の間伐も鹿を増やすという、予想外の事態まで起こっている。この数年、政府の指導で大規模な切り捨て間伐が全国で行われた。間伐すると、林内に光が入り、地面に草が生えてくる。その草が表土の流失を止めて、森は健全化の方向に向かうはずだったのだけれど、ところが、その肝心の草を鹿が食べてしまう。間伐すれば、地表に届く雨の量は当然増える。そういう状況で草が生えてくれなければ、表土流失と土砂崩れの危険性はかえって大きくなってしまう。その上、生えてきた草を食べた鹿が、また子供を産んで増えてしまうのだ。
もう、なにがなんだか分からない。

ちなみに、鹿が一定以上に増えると、ものすごく嫌な副産物も増えてくる。

ヤマビルである。

ヤマビルは、普段は枯葉の下などに隠れているのだが、動物（人間も含む）がやってくると、ニョキリと頭をもたげて、その足に取り付き、尺取虫のように足を登って、皮膚にたどり着くや吸血を始める。ところがその時に麻酔と血液凝固を阻害するヒルジンという成分を送り込むため、喰われた本人は全然気がつかないことが多い。しかも、彼らが満足して地面に落ちた後も血が止まらないため、ズボンが血まみれになって初めて気がついた、なんてことも多いのだ。鹿の多い山では、こういうのが、一〇センチ四方に何十匹もいたりするのだから、たまったものではない。

これが山だけに留まってくれているうちはまだいい。しかし、鹿が里にまで出没するようになると、普通の畑にまでヤマビルが増え始める。こうなると、農作業の意欲にも大きな支障が出る。畑に行くたびに血まみれになったのでは、やってられないというのは、よく分かる。

いかにして鹿を防ぐか

鹿は、日本全国でまだまだ増えている。

二〇一〇年までは、鹿害がほとんどなかった「天然水の森　赤城」でも、一一年になってものすごい被害が発生し始めた。おそらく、どこか他の土地の鹿が、大挙してやってきたのだろう。

鹿という動物は、群ごとに異なる食文化を持っているようで、好きな植物の順番がそれぞれ異なっている。モミの皮を真っ先に食べる群、ヒノキの皮ばかり剝きたがる群、ミズナラの皮を集中的に食べたがる群と様々なのだけれど、赤城にやってきた群は、真っ先にミズキの巨木を見つけては皮剝ぎを始めた。この森には、ミズキのとてもいい木がたくさん生えていたのだけれど、たった数カ月で全滅である。

われわれの悩みは、そういう鹿の移動だけではない。

「天然水の森」が各地に増えるにつれ、いやおうなく、鹿に悩まされている森がどんどん増えているのだ。二〇一〇年に新規に設定した「ひょうご西脇門柳山」の一〇五六ヘクタールも、「近江」の一九一ヘクタールも、とんでもない鹿害を受けている。これだけ面積が増えてくると、従来のような鹿柵や土留め工だけでは、対応しきれない部分が出てくる。

鹿の食害によって成立したオオバアサガラの純林。こんな風に、鹿が好まない植物ばかりが増えてくる。多様性の対極にある森だが、それでも木一本生えていない状態よりはいい。緊急避難としてならば、許されるのかもしれない。

そこでひとつの手として考えているのが、鹿の不嗜好性植物の植樹や種まきである。事ここに至った以上、そういう緊急避難もありなのではないかと考え始めたのだ。

木本ならば、たとえばオオバアサガラやカジカエデ、ウリハダカエデ、アセビ、シキミ、ミツマタ、ガンピなど。草本ならフタリシズカやテンニンソウ、ヤマカモジグサ、ススキなど。

もちろん、その土地にもともとあって、DNA的にも問題がないものを選ぶ必要はあるけれど、ともかく、剝き出しの地面に根を張らせ、雨が直接たたかないように地面を覆う必要がある（丹沢のように、早くから鹿柵を導入した場所では、柵の内側に不嗜好性の植物が青々と繁茂し始めている。

そろそろ、そういう植物を柵の外に移植し始めてもいいのではないかと思う。実のところ、柵の内側では、不嗜好性植物の繁茂により、本来そこにいたはずの多様な植生の回復が、かえって阻害され始めているのだ。不嗜好性植物を移植することにより、柵の外側では土壌流失が抑えられ、柵の内側で多様性が守れるならば、一石二鳥である。

ちなみに、鹿が山を崩し始めている現状を見たある大学教授は（あえて名前は伏せるけれど）、

「これはもはや、国土防衛だ。だとすれば、自衛隊に出動してもらい、頭数調整をしてもらう以外に手はないのではないか」

と、つぶやいていた。

考えてみれば、江戸時代まで、巻き狩りは武士のたしなみだった。現代の武士である自衛隊が、訓練の一環として巻き狩りをするというのは、ひとつのアイデアなのかもしれない。トリカブトまで喰わなければならないという状況は、鹿にとっても幸せな生活からは程遠いものだろう。だとすれば、教授のつぶやきは、案外正解なのかもしれないなと、個人的には、思い始めている。

もうひとつの大問題「竹」

ぼくの『ゴチソウ山』という小説は、竹林の大崩壊から始まる。

竹という植物は、地表に網の目のように地下茎を張り巡らすけれど、地下深くに杭のように伸ばす深い根がない。そのため、急斜面の雑木林に竹藪が侵入し、雑木を枯らしながら拡大していくと、地震や豪雨の際に斜面全体が、すとんと落ちてしまうことがあるのである。

小説は、そうやって大崩壊を起こした竹藪の被害者たちが、それを契機にして、地域の活性化に取り組み始めるという、ある種のユートピア物語である。もっとも、作者が軽いために、なぜか随所にお笑いが入ってしまう。我ながらいかがなものかと思うのだけれど、たぶん、これぼかりは生まれつきで、どうしようもないことなのだろう。

ぼくがかかわっている森で、拡大竹林が大きな問題になっているのは、京都郊外山崎にあるサントリーウイスキーのふるさと「山崎蒸溜所」の裏山「天王山」である。

秀吉と光秀が天下分け目の合戦をしたことで有名なこの山では、「天然水の森」とは別の枠組みである「天王山周辺森林整備推進協議会」のメンバーとして、整備活動に参加させていただいている（ちなみに「協議会」とは、複数の人物・団体が集って一定の議題について協議する組織のことで、「森林整備協議会」の場合には、通常、行政・学識経験者・土地所有者・森林組合・ボランティア団体・企業などが参加することが多い。サントリーが協議会として参加しているのは、「天王山」と、隣接する「西山森林整備推進協議会」のふたつで、ふたつあわせた面積の一〇五〇ヘクタールは、「天然水の森」の総面積七〇〇〇ヘクタール超には算入していない)。

天王山は、江戸時代にはすでに過利用で、松だけがぽつんぽつんと生えているような禿山に近い山になっていたようで、そういう状態が戦後まで続いていたと思われる。

山裾と中腹の段々畑に「タケノコ畑」、それ以外の松林が「マツタケ山」というのが、土地の古老たちの記憶にある原風景である。

その山が、戦後のエネルギー事情の変化に代表される生活様式の変化によって放置され、松林がコナラやアベマキ、シイ、カシなどの雑木林に遷移していき、一方では、孟宗竹がタケノコ畑から徐々に周辺に拡大、ついには、雑木林の中にまで地下茎を伸ばして侵入し、雑木を次々に枯らしながら勢力を伸ばしているというのが、大雑把な現状である。

この現状は、別に天王山だけの問題ではない。

いまや、日本全国の至る所で雑木林に竹が侵入し、次々に荒れ果てた竹藪へと変化している。

山裾から這い上がっている侵入竹林。山の手前、明るい部分が竹林。奥の暗いところが雑木。このままでは、全山竹になりかねない。

お暇があったら、今度電車に乗った時に、車窓に映る山の斜面を見てほしい。さほどの時間もかからずに、竹が斜面を這い上がって雑木林を呑み込みつつある光景を見つけることができるに違いない。そして、一度この光景に目が行くと、次から次へと同じ光景が目につくようになってくる。実際、こんなものに気がつかなきゃよかったのにと、うんざりするくらいに、同じような風景が至るところにあるのである。

どうして、こんなにも竹が猛威をふるうのかというと、実は、孟宗竹はインベーダーなのである。

幼いころから「かぐや姫」の物語になじんできたわれわれ日本人は、なんとなく、竹は日本古来の植物だと思いがちだが、タケノコを食べるあの太い竹＝孟宗竹は、江戸時代に中国から入ってきた比較的新しい外来種である。

というわけで、外来種のご多分にもれず、人間の管理下をはずれた孟宗竹は、驚くべき猛威をふるいはじめるのである。

孟宗竹は、毎年三メートルほどの地下茎を伸ばし、そこからタケノコを生やす。タケノコは、わずか数か月で十数メートルから二十数メートルの高さにまで育つ。ところが、日本には、二十メートルを超えるような雑木はあまりない。したがって、竹よりも背丈が低い雑木林の木々は、次々に新竹の内側に呑み込まれ、光を奪われて枯れてしまうのだ。

侵入竹林と闘う

われわれの興味の中心である地下水に関しても、竹は（多分）あまりいい影響を与えないだろうと思われる。

竹という植物は、まず葉っぱの量がものすごく多い。当然雨を遮断して蒸発させてしまう量も、相当多いと思われる（「多分」とか「思われる」なんて気弱な書き方をしているのは、まだ実証実験をしていないからである。以下も同様で、つまりはまだ仮説である）。

成長にも、恐らく大量の水を使う。枝葉を伸ばしている時期の竹を伐ると、切り口から、びっくりするほどたくさんの水があふれ出す。それだけの量の水を使っているのである。

さらに、大地を深く耕してくれる深い根をもたないのも、竹の特徴である。その上、崖崩れを起こした場合には、表土をまるごと持っていってしまうため、水源涵養という意味では最悪の状況を呼ぶ。裸になった斜面は、以後の再生も非常に難しくなる。そういうもろもろを考えると、急斜面の竹林は、出来るだけ早く、元の雑木林に戻す方が望ましいのである。

整備の優先順位としては、急斜面で、まだ雑木が生きている場所を選び、竹を皆伐してしまう。なにしろ、できるだけ早く竹を退治してしまいたいので、時期は七月にする。なんだって、そんな暑い時期にやるのかというと、もちろん、我慢大会ではない。ボランティアに参加する社員をいじめるためでも、もちろん、ない。

竹というのは、春先から七月にかけて、タケノコを一気に成長させる。タケノコみたいな小さな生命体が、自力でそんなに伸びられるはずがない。じゃあ、いったいなにが起こっているのかというと、この時、親竹と地下茎は、一年かけて体内に貯めてきたありったけの栄養を、タケノコに向かって一気に注ぎ込んでいるのである。したがって、タケノコが伸びきった七月には、親竹と地下茎の中は、栄養を出しきってカラカラになっている。この時期にすかさず伐ってしまえば、しぶとい竹も、さすがに弱るというわけだ。

残念ながら、そこまでしても、竹は死に切らない。翌年には、小指くらいの太さの笹みたいなタケノコを伸ばして、再生を始めようとする。

したがって、皆伐後数年間は、この笹状の竹を刈り続ける必要がある。これを怠ると、なんのことはない。数年後には、元の木阿弥である。

次に手当てをしたいのは、やはり急斜面で、もはや全面的に竹藪になってしまっている箇所である。

やはり、伐るのは、七月にする。ただし、気をつけなければならないのは、こういう竹林をいきなり皆伐してしまうと、がけ崩れを起こしかねないという点だ。七月に皆伐して、ちょうど根が枯れたり弱ったりしている時期に台風がきたりしたら、大変なことになりかねない。

そういうわけで、いきなり全部を伐るのは、とりあえずあきらめて、まずは、間伐から始めることにする。藪化した竹林には、ひどい場合には一万数千本もの竹が立っている。それを三千本くらいにまで減らす。

そして翌年からは、生えてきたタケノコを蹴り飛ばして、成竹にまで育つのを防いでいく。大人にまで育ってしまった竹を切るには、大変な労力がいるけれど、タケノコを蹴るだけなら、一時間に何十本でも蹴れてしまう。ストレス解消にも、実にいい。

こうして三千本管理を数年続けていくと、転がってきたドングリなどから芽生えたアラカ

整備前の竹藪

整備後。手前はヘクタール１万数千本を3000本にまで減らした区画。奥は雑木を守るために竹を皆伐した区画。

シヤシイ、ヤブツバキ、鳥が糞で撒布した種から芽生えたヒサカキ、ウワミズザクラ、カラスザンショウ、風で飛んできた種からのカエデ類やシデ類、キリなどといった、様々な苗が生えてくる。

それらの実生の苗を育てていき、十年ほどたって、広葉樹が充分に根を張り、がけ崩れの心配がなくなったら、残った竹を皆伐するのである。

カブトムシの森プロジェクト

もっとも、場所によっては、そういう実生がなかなか出てこないこともある。

そういう時には、植樹をする必要もある。

天王山の協議会では、小学校二校にご協力いただいている。

地元のボランティアの皆さん、役場の皆さんのご指導のもとで、小学四年生が山に登り、ドングリを拾ってくる。それを竹林整備の際に伐採した竹で作った植木鉢で育て、五年生になったら竹林に戻し、六年生の時には苗の周囲の草刈りをするという活動である。

「ドングリの森」なんて言っても、子供たちにはピンとこないだろうということで、この活動には「カブトムシの森プロジェクト」という名前をつけている。

ついでに、彼らが植えた森が二十年後にどんな姿になるかを見せてあげるために、すぐ近くにあるわが社の社有林のクヌギとコナラの林を「カブトムシの森」と名づけ、木の幹に傷をつけて樹液を出させ、近くの地面にはシイタケの廃ホダ木を積み上げて産卵場にし、いつでも観察できるようにしている。日本アンリ・ファーブル会理事長の奥本大三郎先生にご指導を仰いでいるのだが、われわれにとっても、結構楽しい「遊び」になっている。

ちなみに、この森には、カブトムシやクワガタだけでなく、日本の国蝶であるオオムラサキも樹液を吸いに訪れてくれる。

一瞬話が変わるようだが、拡大竹林を整備しようとする時に、一番やっかいな問題は、土地の所有者が、しばしば非常に多岐にわたっている点にある。拡大竹林は、たいてい集落のすぐ裏山にあるので、どうしても所有者が細分化されやすいのだ。

その上、所有者自身も、どこからどこまでが自分の土地なのか分からない藪が多く、当然、そういう所有者には整備の意欲などあるはずもない。ボランティアが、無償で整備をするからご協力をと願っても、別に放っておいてくれてかまわない、などとそっぽを向く人も多いのだ。

小学校の活動は、こういう状況に一石を投じている。

お孫さんの学校の記念植樹のためなら、ということで、所有地の竹林をご提供くださる地主さんが現れはじめたというのだ。

こういう流れをどこまで広げていけるかが、竹林整備の鍵になるだろうと思っている。放置竹林の崩壊は、しばしば、とんでもない災害を呼ぶ。ぼくの故郷では、車道のすぐ下の竹林が崩壊したのだが、悪いことに、道の擁壁の中にまで地下茎が侵入していたために、その擁壁ごと車道を引っ張り落としてしまい、下の家屋はぺっちゃんこに押しつぶされた。もっと早く整備しておけば防げた災害なのにと、くやまれる。

竹林崩壊は、自然災害というよりも人災に近い。

山を持つということは、山の災害防止機能や、水源涵養機能の維持にも責任を負うことになるのだという公共意識を、もっと一般に広めていく必要があるのではないかと、これはかなり真剣に思っている。

まったく別の方策として、竹を資源として活用しようという様々な試みも、全国各地で始まっている。

従来型の竹炭、バイオ燃料、建材、家具材などのほかに、竹の皮を粉にひいてアルコール抽出した抗菌・防腐・防臭剤をつくり始めた企業もある。O157やインフルエンザウイルスなどにも顕著な抗菌効果があるだけでなく、化粧品の防腐剤であるパラベンの自然素材での代用品としても期待され、さらには防臭効果もあるので、介護の現場などでの展開も考えられるという。皮の部分しか使わないので、あとには全く経費の要らないタダの材がまるまる残り、この部分を炭や建材などに使えば、確実な利益も期待できるそうだ。

竹を粉にひき、いったん発酵させてから有機肥料として利用する実験を始めた人もいる。同じく竹の粉を発酵させ、ヌカ漬けのヌカ代わりにしてみたという人の話も、つい最近耳にした。どんな味の漬物になっているのか、一度は試してみたいものだと思っている。

ちょっと大きな話では、竹を綿のような繊維状にほぐし、マットレスなどのクッション材やバイオプラスチックの原料にするという、画期的な試みも始まっている。

こういう様々な試みが「事業」として回り始めれば、竹林の整備も、健全な経済活動の一環として進められるようになるのではないか。

そういう時代が、一日も早く来ることを、心から期待している。

第五章
悪夢の連鎖

真夏の紅葉

なんていう、ロマンチックな小見出しをつけてしまったのだけれど、実はそんなのんきな話ではない。

いま、全国のブナ科の樹木が夏場にぱったりと枯れる病気「ナラ枯れ」が、ものすごい勢いで日本中に広がっているのだ。

枯れている木の名前をあげると、コナラ、ミズナラ、クヌギ、アベマキ、スダジイ、ツブラジイ、アラカシ、シラカシ……「ナラ枯れ」という名前がついているのだけれど、枯れるのはナラだけではない。シイだろうがカシだろうが、要するにブナ科の木すべてが枯れるのだと思っておけばいい。とんでもない事態である。今のところ、ブナだけは枯れていないのだけれど、それだっていつまで持つか分からない。

不思議なことに、これほどの大災害が、なぜか新聞にも、テレビにも、ほとんど出てこない。

秋口に、クマが民家のあたりに出没するようになると、

「今年は、ドングリが不作なので、餌に困ったクマが里に下りてきているのではないか」

なんて、のんきな解説をするレポーターがいたりするのだけれど、バカを言っちゃあいけない。「不作」なんてものではなく、そもそも、ドングリの生る木が全滅しちゃったのである。

原因は、カシノナガキクイムシ（長いので、以後は縮めてカシナガ）という、五ミリにも満たない小さな虫である。

カシナガ以前の里山の風景

この虫は、もともと「いい子」だった。

というか、自然界に存在する生き物に、本来「いい子」も「悪い子」もない。

生きとし生ける者すべてに、存在する意味がある。それを人間の都合で「いい子」だ「悪い子」だ「益虫」だ「害虫」だと決めつけているだけの話である。

で、カシナガが大自然の中で、どんな役割を担っていたかというと、ブナ科の落葉樹の「巨木」を見つけては、これを倒し、巨木の日陰になって中々大きく育つことが出来ないでいた後継樹たちに光をもたらすことで、自然な世代交代を促していたのだと思われる。

もっとも、日本という国では、ブナ科の落葉樹——コナラ、ミズナラ、クヌギ、アベマキなどは、滅多に巨木化することがなかった。少なくとも、列島に人類がのさばるようになって以降は、ほとんどありえなかったと言っていい。

なぜか。

それらの木々は、すべて、薪や炭、キノコのホダ木として、徹底的に利用され尽くしていたからだ（そもそも、クヌギなんて木は、そのために大陸から持ち込まれた外来種だろうと推定されている。もともと日本の木ではないみたいなのだ。ま、もっとも、文字による歴史が始まったかどうかなんていう古い時代に持ち込まれた木まで「外来種」呼ばわりすることに意味があるのかどうかは別問題だけれど）。

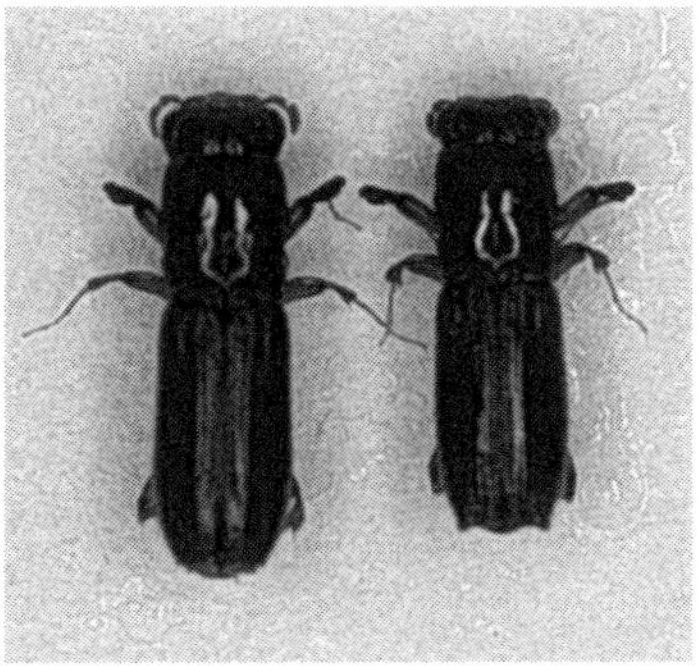
カシノナガキクイムシのメス（左）とオス（右）。写真・森林総合研究所関西支所提供

そういう木が、どんな風に利用されていたかとい

うと、それがつまり「里山管理」と言われるものなのである。

まず、裏山を十年周期で利用する場合には十区画に、十五年周期で利用する場合には十五区画に区分する。

そして、毎年冬に一区画ずつをきれいに皆伐してしまうのである。

この時には、なにしろ細い木一本残さない。花のきれいな桜があろうが、紅葉のきれいなモミジがあろうが、全部伐って薪や炭、ホダ木として利用してしまう。

すると、その切り株から、たくさんの脇芽が出てくる（専門的には、この脇芽を「萌芽《ほうが》」と呼ぶ）。この萌芽を数本選んで残りを刈りとると、成長の早い土地なら十年で、遅い土地でも十五年ほどで、再び薪や炭にするのに最適な太さにまで育ってくれる。種から育てるよりも、はるかに早く、効率的に育ってくれるわけだ。

こうして元の大きさまで育ったら、またその区画のすべてを皆伐し……と、以後は（土地がどうしようもなく痩せて木の育ちが悪くなるまで）無限サイクルが続くわけである。

ちなみに、余計な萌芽を刈り取る際に、萌芽だけではなく、周囲に生えてきた常緑樹の実生苗なども刈り取って焚き付け用に持ち帰る作業が、昔話に出てくる「おじいさんは、山に柴刈りに」の「柴刈り」である。里山管理のためには、この柴刈りが最も重要な整備作業になるのだが、当時の人にとってみれば、燃料を取りにいっただけで、「整備」という実感は

コナラの萌芽更新

なかったのかもしれない。土地の古老にインタヴューすると、「薪炭林ちゅうのは、十年に一度全部刈り取っちまって、あとはほったらかしだったな」なんてことを言い出すことが多くて、現場を知らない学者さんはそれを真に受けたりするのだけれど、古老の頭の中では、薪炭林の管理と柴刈りは、別の作業として分類されていたのだろうと思う。

実際に「ほったらかし」になんかしたら、何十本もの萌芽と実生の苗がそのまま育って、細い木がびっしり生えた藪みたいになってしまう。

全くの余談だが、今の子供たちに「シバカリ」と言うと、庭の芝生の刈り込みだと誤解するようで、「おじいさんが山にシバカリに」と話すと「おじいさんは、山に芝生の庭がある別荘を持ってるの？」なんて聞き返してきたりする。なんだかなあ、である。

さて、こんな風にして循環型の利用をしていると、生物多様性も実に豊かになってくる。皆伐した直後は、草原的な動植物が増え、十年後には森林性の動植物が棲み始めるというわけで、要は十種類の異なる環境が、モザイク状に配置されることになるわけだ。

生物多様性というと、白神のブナの原生林のような、人の手があまり入っていない自然のほうが豊かなんじゃないかと思う人が多いようだが、実は、そんなことはない。白神の生物相は、意外に貧弱だという。

むしろ多様さは、山火事とか、台風の被害とかを受けていったん大きく攪乱され、そこから再生していくような時に最も豊かになる傾向があるらしい。そういう意味では、里山は、常時人間が攪乱を続けることで、多様な生き物が育まれるようになった「人為的生物多様性」の理想型のひとつなのだと言っていい。

さて、そういう里山＝薪炭林で、コナラやクヌギなどのブナ科の落葉樹が主役になっていったのは、炭や薪・ホダ木として最も優れていたというだけでなく、萌芽更新力が極めて旺盛だからである。もともと外来種だったと思われるクヌギが、いまや全国の山にあることでも分かるように、日本人は、これらの木を、行く先々に植えてまわった。

東京の武蔵野は、「野」という名前でも分かるように、江戸時代以前には、ススキが生い

「天然水の森　阿蘇」の1100メートル地点にあるミズナラの萌芽更新エリア。株立ち状のミズナラが、みごとに群生している。

茂る野原だった。そこにコナラやクヌギを植え、里山の風景を創りだしたのは、江戸幕府のお役人である。

今では山登りをするだけでもしんどい一〇〇〇メートルを超えるような高山にも、しばしば株立ちのミズナラを見かける。それもまた、かつての薪炭林のなごりである。

「里山」というと、なんだか村の裏山みたいなイメージを持つかもしれないけれど、ガスや電気が普及する以前の日本人は、身近な裏山はもちろん、山奥の、そのまた奥の奥まで、恐ろしく勤勉に「里山」化していたのである。

ぼくたち現代日本人にとって、「人工林」という言葉でイメージされるのは、杉とヒノキだろうけれど、実は、ついこの間まで、「人工林」の主役はクヌギやコナラだったのだ。

そういうわけで、いまわれわれが「天然林」と呼び、自然そのままの風景だと思いこんでいる雑木林の風景とは、そうした里山が放置され、巨木化が始まってしまった「放置里山林」に他ならないのである。

大発生、そして来襲

さあ、そこに、カシナガがやってくるのである。

カシナガは、長いこと、東北や九州、そして多分中国地方の山奥で、本当にほそぼそと暮らしていた。

この虫は、背中にナラ菌という木材腐朽菌と酵母をしょっていて、ブナ科の落葉樹の巨木を見つけると、さっそく卵を産むために幹に穴を掘り始める。そしてその際に、潜り込んだ穴の周囲に、背中の菌を植え付けていくのだ。植え付けられたナラ菌は、すみやかにまわりの材を腐らせ始め、酵母菌が繁殖するのに最適な環境をつくりあげる。

驚くべきことに、卵から孵った子供は、この酵母を餌にして育つのである。つまり、カシナガは、子供のために畑をつくっているのだ。

巨木ばかりを狙うのは、若くて樹液がたっぷり流れている木では、ナラ菌が繁殖しにくいからだろうと考えられている。

しかし、である。

日本では、長い間、肝心の巨木が滅多に見つからなかったのだ。

そこでカシナガは、餌木に絶好の巨木を見つけると、フェロモンを出して仲間を呼び寄せるという作戦を身につけた。

そのカシナガが、ある時、山の上から下を見下ろしたのである。

すると、どうだ。

なんと、見渡す限りのゴチソウが広がっていたのだ。

放置里山林の中で巨木化したミズナラ、コナラ、クヌギが、あっちにもこっちにもある。

山から下りたカシナガは、さっそくフェロモンを出して仲間を呼び寄せ始めた。

最初の年は、集まってくる仲間も少なかった。

しかし、翌年になると、十倍の仲間がやってきた。

ついには、一抱えくらいのコナラに、五〇〇〇匹くらいのカシナガが穿入し、翌年の春には、五万匹に増えて飛び出して次のターゲットに襲いかかるというとんでもないことになってきた。

こうして、すでに数年前までに、日本海側のミズナラ、コナラ、クヌギの巨木は、ほぼ全滅し、いまは徐々に勢力範囲を広げ、長野、群馬、岐阜、愛知、静岡、滋賀、京都、大阪、岡山……と太平洋側に山越えを始め、しかもあろうことか、従来は直径三〇センチ以上しか喰わないと言われていた常識を覆して一五センチの若木でも喰い始め、それどころか、常緑のカシ、シイ、マテバシイの仲間まで喰い荒らし始めたのだ。

パンデミック（大発生）は、しばしば昆虫の性格を変えてしまう。いい例がイナゴだ。大繁殖し、飛蝗型に変異したイナゴは、雲のような大群となって空を飛び、草だけではなく、牛だろうが人間だろうが、手当りしだいに喰い荒らし始める。

それと同じようなことが、カシナガに起こりつつあるのだとしたら、どうだろう。

常緑を喰いはじめたカシナガが、単に落葉系を食い尽くして餌木がなくなったために、緊急避難的に常緑にとりついたというだけならいいのだが、もし遺伝的変異が起こっているのだとしたら、大変なことになる。

不気味なのは、この三年間に、なんと八丈島で二万本ものスダジイが枯れたという事実である。熱帯性気候の八丈島には、もともと落葉のブナ科が存在しない。つまり、常緑を喰う習慣のない普通のカシナガが、なにかの拍子に漂着したり（あるいは人為的に持ち込まれたとしても）、そんな親から大発生など起こるはずがないのである。だとすると、よりによって、常緑を喰う形に変異したカシナガが侵入したのだとしか考えようがない。

ブナ科の木が、落葉・常緑を問わずに喰われてしまったら、日本の森は、文字通り、主役

カシナガによる穿孔。穴から出た木屑（フラス）が根元に積もっている。

を失って崩壊してしまう。

ふたたび天王山の戦い

ぼくが関係している森の中で、最も深刻なのは、（またもや）京都の天王山である。

この山は、「竹」の項でも詳述したように、急斜面に竹が這い上がり、崖崩れの発生が危惧されるのだが、それをかろうじて止めているのが、コナラ、アベマキ、シイ、アラカシといったブナ科の高木なのである。

もともとこの山は、かつての主役だった松がほとんど枯れ、かわりにブナ科を中心とした雑木林に遷移しつつあるところに、竹林が急速に侵入拡大してきた、というような状況にある。

そういう中で、ブナ科が枯れてしまったら、この山はほとんどすべての主役を失ってしまうことになる。

ど、どうしよう‼

と、ついつい慌てたくなるのだけれど、こんな時に慌てたって何の役にも立たない。

整備の基本は、やっぱり調査である。

というわけで、われわれは、兵庫県立大学の服部保先生にお願いし、先生のご指導の下に、「里と水辺研究所」に詳細な植生調査を依頼した。

同時に、中日本航空さんに依頼して、ヘリコプターからのレーザー測量を実施することにした。この最新の測量法のすごさについては、実際に見てもらうのが一番いい。

左頁の図は、レーザーで図った等高線と、従来の五〇〇〇分の一の地図の比較である。五〇〇〇分の一の地図では、なだらかな斜面が続いているはずの場所に、小さいけれど鋭く切れ込んでいる谷や尾根が入り組んでいたり、急な段差があったりする状況がよく分かるだろう。それが、現実の山の形なのである。

次の図は、任意の場所で切り取った断面図である。地面の傾斜と、そこに生えている木の形を読みとることができる。竹林の中に桐の高木が一本屹立している様子や、松林の中にある松枯れによるギャップなどが、はっきりと読みとれる。この断面図は、測量を済ませた範囲ならば、どこでも自由に取れるので、地上で実際に行う植生調査と組み合わせることで、

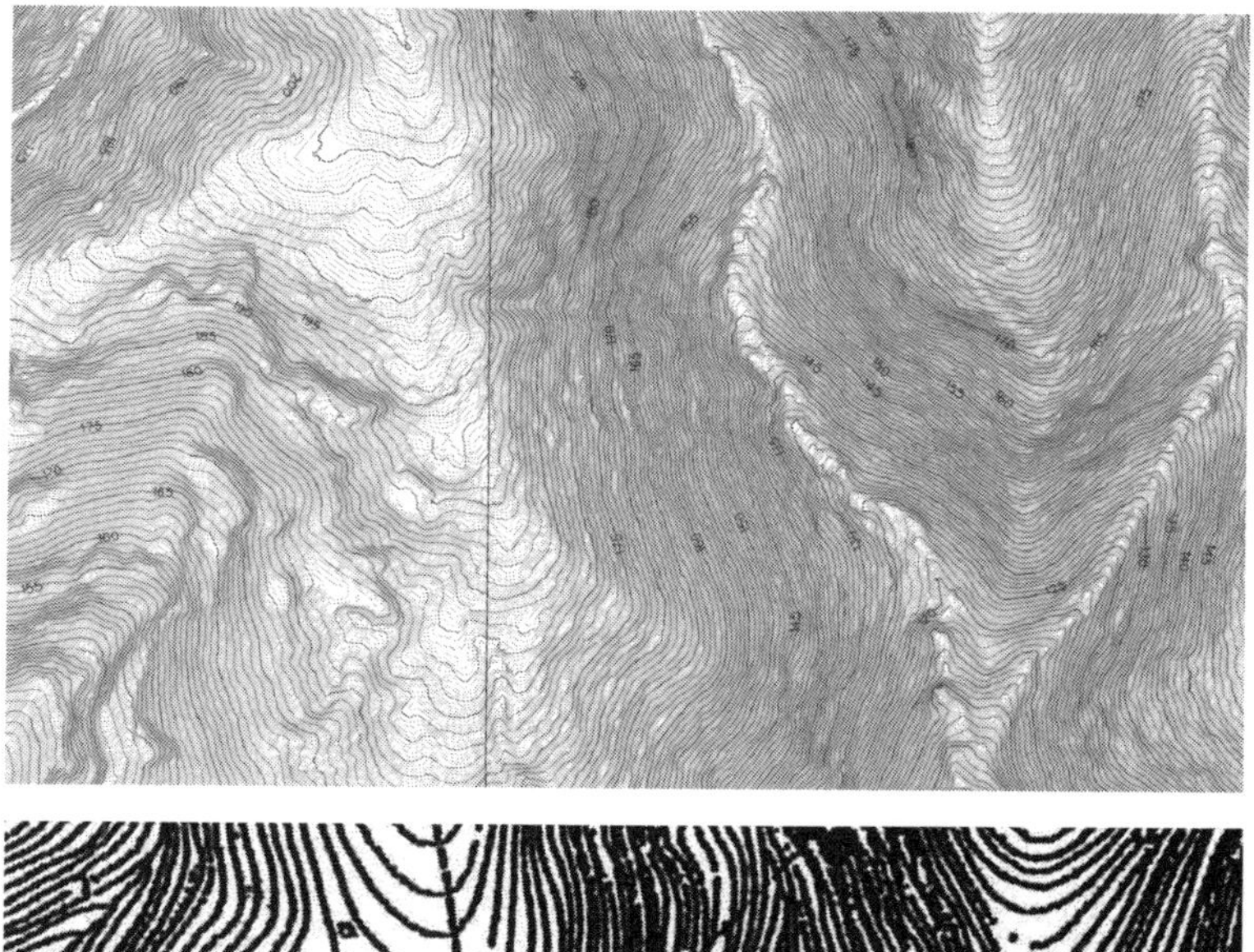

上がレーザーで測った等高線（１ｍ間隔)。下が同じ場所の5000分の１の地図の等高線（２ｍ間隔)。

レーザー航測による断面図。
（上）中央右よりの頭ひとつ出ているのが桐の大木。まわりを竹林に囲まれている。
（下）松林の中にあるギャップ。

調査の精度を格段に上げることができる。

「里と水辺研究所」には、

① 崖崩れの危険性の高い急斜面を地図上で抽出（レーザー航測のデーターから自動的に抽出可能）

② 竹林については、まず危険な急斜面に存在する竹林を抽出し、これを、「完全に竹藪化してしまった区画」と「まだ雑木が残ってはいるものの、そのほとんどがブナ科の区画」「ブナ科以外の雑木が残っており、竹を皆伐すれば解決できる区画」の三つに色分けする。

③ カシナガについては、「ブナ科が枯れた場合に崩壊する危険性の高い区画」と「ブナ科以外の後継樹があり比較的安全な区画」の二つに色分けし、前者については、植樹の方向で検討する。

④ ①②に、松枯れの危険性も加味しておく。

という内容の依頼をしている。もちろん、その他に希少植物の調査とか、これまで整備してきた箇所の整備効果の検証なども依頼しているが、それはまた別の話である。

天王山のように、すでにカシナガが入ってしまった箇所では、もはやじたばたしても仕方がないと考えている。

全国各地で採られている様々な対策については、もちろん調べた。侵入された木を見つけ次第伐倒して薬剤処理するとか、幹の部分をビニールで巻くとか、フェロモントラップをしかけて誘引するとか、「ゴキブリほいほい」ならぬ「カシナガほいほい」を幹に張ってみるとか……もちろん、まったく効果がないわけではない。神社や公園で「この木だけは守ろう」という特別な場合には、それなりの効果が期待できるのだけれど、広大な山の中では、所詮気休めにすぎない。十本守っている間に千本喰われてしまったのでは、なにをしているのか分からなくなる。

ただし、ひとつだけ明るい話題がある。カシナガに攻撃された木の中で、虫の侵入数が少なかったためにかろうじて生き残った木は、その後、五年ほどは次の攻撃を受けないのである。そういう木を伐って調べてみると、切り口がエラグ酸というタンニンからの生成物で褐色に染まっている。攻撃された細胞が自分の死と引き換えにエラグ酸を生成し、周りの細胞にまでナラ菌の影響が及ぶのを防いでいるらしい。こうしてエラグ酸に染まった木に新たに穿入しようとしたカシナガは、この木では「子供のための畑」をつくれないと判断し、さっさと出ていってしまうのだろうと推測されている。

だとすれば、ナラ菌のどんな成分がエラグ酸の生成を促しているのかを特定し、それを「適量」（この適量が難しいのだろうけれど）樹幹注入してやれば、「ワクチン」として実用化できるのではないか。

このアイデアについても、東京大学に依頼して共同研究を始めようかと思っているのだけれど、ただし、もしこの研究がうまくいっても「ワクチン」の有効期間は五年程度しかない。新しく太った部分には抵抗力がないので、その頃にまた大発生が起これば、あっさりやられてしまうだろう。それを防ぐためには、五年ごとにワクチンを注入する必要があるのだけれど、そんな風に何度も細胞を殺して、果たして木そのものが生きていけるのだろうか。カシナガからは守ったけれど、ワクチンに殺されましたでは、笑い話にもならない。

そういうわけで、ぼくらは、いまのところ、すでに侵入が認められている森、あるいはもうすぐ侵入することが分かり切っている森に関しては、ブナ科の大木はすべて枯れるという前提で、それでも山を崩壊させないためにはどうすればいいか、という方針で対策を考えている。

残された手だて

ただし、まだ侵入が認められていない地方では、もう少し別の方策を考えることも出来そうである。

ひとつは、樹種転換だ。

そもそも、カシナガみたいな虫が大発生するというのは、自然を単純化してしまった人間への大自然からの警告なのだろう。だとすれば、これを機会に、それぞれの地方に本来ある多様な樹種からなる、より自然に近い森に積極的に転換していこうじゃないかというものだ。

ただし、これにも時間はかかる。

地元のDNAにこだわった苗木生産からスタートしなければならないからだ。「天然水の森」では、地元産の苗がある場合にはそれを購入することにしているけれど、いかんせん、それだけでは、樹種も少なく、量も足りない。各地の苗木生産者の皆さんに声をかけ、種や挿し木のための穂木を山から採ってきて生産する、新しい事業を始めてくれないかという、ハードルの高いお願いを始めているところである。

もうひとつの方策は、かつてのような里山的管理を復活させ、ブナ科の巨木化を防ぐというものである。

この作業も、絶対に必要だと考えている。

もちろん、手間も暇もかかる上に、かつてのような薪炭での需要が見込めないため、広々と整備することは難しいだろうけれど——しかし、である。ブナ科の木々には、カブトムシやオオムラサキ（日本の国蝶！）、ヤママユガ、（そしてクマ）など、数多くの生き物が依存して生きているのだ。ブナ科の全滅は、これらの生き物たちの生存を、ストレートに脅かすことになってしまう。

天王山の皆伐試験区

ということで、まだまだほんのちっぽけな実験でしかないけれど、天王山のわが社の社有林をつかって里山的な萌芽更新管理も開始している。萌芽更新のためには、光環境を良くするために、生えている木をすべて伐ってしまう必要があるのだが、その際に、気をつけなければならないのは、必ず根際から伐るということである。カシナガという虫は、新しい餌場を探す際には、まず明るく開けた土地を狙って飛来し、次に巨木の樹形のシルエットを探して取り付くらしい。つまり、この虫の攻撃を防ぐためには、なにしろ「巨木らしいシルエット」を見せないことが重要なのだ（茶道で使う菊炭で有名な大阪・池田のクヌギ林は、「台場クヌギ」といって胸高くらいの高さで伐って萌芽更新をしているため、カシナガにやられる危険性が極めて高いと推定されている。池田の里山林は、日本で最後に残された理想的なモザイク状薪炭林なので、もしそんなことになったなら、極めて残念である）。

なお、同じ地区で小学生に参加してもらっている「カブトムシの森プロジェクト」の森も、いまさら高木化させるわけにはいかない以上、将来は里山管理に移行することになるはずである。

大規模な整備としては——これはまだ構想中でしかないのだけれど、栃木県にある「梓の森工場」に隣接する四〇ヘクタールの社有林を、すべて薪炭林管理に戻す方向で検討を始めている。この森は、もともと近くにあったマンガン鉱山のための燃料林だったようで、ほとんど九割がコナラ、クヌギ、ナラガシワという、カシナガには絶対に見せたくないような森である。

ならば、いっそのこと、森全体を五〇メートル四方の一六〇カ所に区画して、十年計画で毎年一六区画ずつ皆伐していってはどうかと考えているのだ。伐った木は、隣接するサントリー梓の森工場でバイオマス発電に使ってもらうとか、あるいは地元の小学校・中学校に薪ストーブを設置し、そのための燃料林として利用してもらう、なんてアイデアはどうかと思っている。将来的に、子供たち自身が「柴刈り」や「薪づくり」にも参加してくれるようになるならば、この活動はさらに面白くなるだろう。

カシナガは、すでに群馬県までやってきているので、はたして十年間待ってくれるかどうかが難しいところだが、その場合には、前倒ししてでも伐ってしまい、十数年後の伐採計画で調整し直すしかないだろう。

四〇ヘクタール一六〇区画もの広さをもつモザイク状里山林なんてものは、もはや全国にもほとんどない。これがもし完成すれば、たぶん、生物多様性にとっても、あるいは文化財としても、極めて高い価値を持つ森が出来上がるのではないだろうか。

ちなみに、地下水にとっては、低木管理した里山林は理想的だろうと推測される。地面にまで常に光が入る環境下では、土壌はしっかりと草に守られ、耕される。昔のように、肥料や燃料のために落ち葉や柴を持ち出す必要はないので、土の豊かさは急速に向上していくだろう。そして、主木が低く保たれることで、蒸発散量も確実に低く抑えられるため、地下への水の浸透量も増えるだろうと予測される。

水科学研究所にとっても、絶好の観測ポイントになるはずである。


カシナガが、もとの穏やかな顔を取り戻してくれるのがいつになるかは、まだまったく分からない。日本海側に関しては、いったんほとんどの巨木が絶滅してしまった以上、もう大丈夫かと思っていたら、五年、十年たって、再び木が大きくなってきたところで、第二次の大発生が起こったりしている。害虫を害虫でなくしてあげるためには、彼らが大発生するような環境を根本から変える以外にない。

ブナ科一色だった森を本来の複雑な雑木林に戻すのは、たぶん大変な作業になるだろうけれど、ナラ枯れは、もしかすると、ぼくら日本人に、とてもいい機会を与えてくれているのかもしれない。

止まらない松枯れ

日本で枯れているのは、ナラだけではない。

もう何十年も続いている松枯れも、相変わらず収まる気配がない。気配がないどころか、温暖化の影響で、枯れる地域が北へ北へと広がり、同時に高山帯では、より高い標高の場所へと徐々に枯れが広がっている。

カシナガとは異なり、松枯れは、まさに「外来種」問題である。

日本の松林には、もともとマツノマダラカミキリ（松の斑かみきり）という害虫がいたのだけれど、日本古来の自然環境においては、大発生に結びつくことは滅多になかった。この虫がいくら卵を産みつけても、健康な松はヤニを分泌して幼虫を殺すことができるためであ

全国いたるところに見られる松枯れの光景。松は枯れて樹皮が落ちると白くなるため、白骨のような不気味な様相を呈する。

る。

状況を変えたのは、外国材の輸入自由化だった。

海外からどっと押し寄せてきた米松に代表される松材に、マツノザイセンチュウ（松の材線虫）という、小さな小さなセンチュウが潜んでいたのである。

この小さな密航者は、日本の松の幹に入り込むと、ヤニツボを攻撃してヤニの分泌を止めてしまう。つまり、松の木から害虫を防ぐ抵抗力を奪ってしまうのである。

ただし、センチュウには羽根がない。松から松へと、自由に移動する手段がない。だったら、別に問題はないだろうと、普通なら思うところである。

ところが――だ。

なんと、マツノザイセンチュウは、日本在来のマツノマダラカミキリと共生するという驚天動地の手で、日本の松に取りつくことに成功してしまうのである。

いや——まあ、現実に起こったのは、単にマツノマダラカミキリが港についた米松の幹を齧ったというだけのことなのだろう。その時に一緒に喰われたマツノザイセンチュウがマツノマダラカミキリの消化管に住みついてしまっただけのことである。

それにしても、以後の流れは、まるで両者があらかじめ共謀したのではないかと思いたくなるくらいに悪辣である。

マツノマダラカミキリ。写真・黒田慶子氏提供

マツノマダラカミキリの消化管の中に住みついたマツノザイセンチュウは、カミキリムシが松の若枝を咬むと、さっそくそこから松に侵入し、カミキリムシへの防御線であるヤニツボを弱らせ、ヤニの量を減らす。するとそこにカミキリムシが卵を産む。

松の材を食いながら育つカミキリムシの幼虫は、材と一緒にマツノザイセンチュウも食べるため、ふたたびマツノザイセンチュウがカミキリムシの消化管に住みつく——こういう驚くべきデビルサイクルを短期間

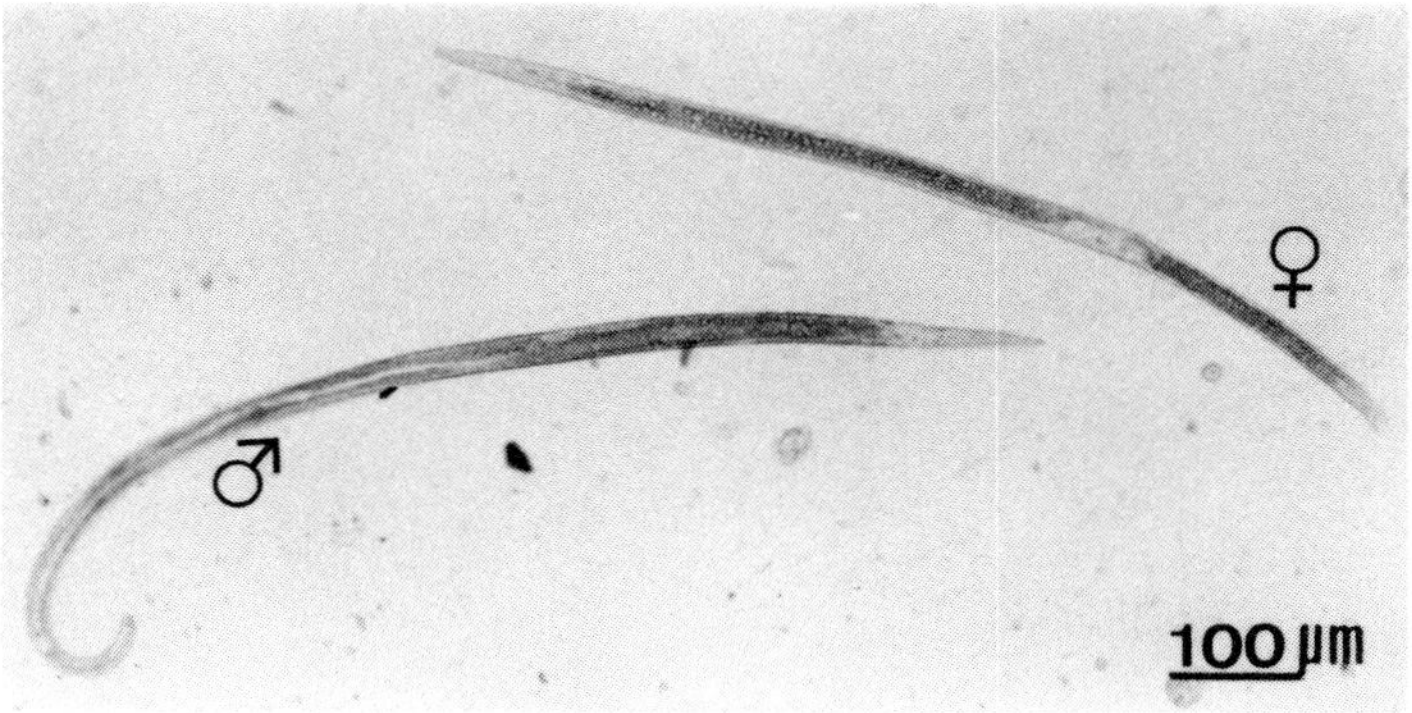

マツノザイセンチュウ。写真・黒田慶子氏提供

のうちに確立してしまうのである。

こうなっては、日本の松には、抵抗のすべがない。

ううむ。

やっぱり、この世には、悪魔がいるんじゃなかろうか。

こうして日本の松は、米松を輸入した港からきれいに同心円を描く形で枯れ広がっていくことになるのである。

松の意外な役割

もっとも、松枯れがこれほど激しい勢いで進行しているのは、そもそも地掻きや柴刈りを行わなくなった日本の松林では、広葉樹との混交という自然な遷移が進み、土壌が豊かになった結果として、松そのものが衰弱しているからだという説もある。

そして、おそらくは、それが正しいのだろうと、ぼくは思っている。

松という植物は、いわゆる先駆種＝パイオニアツリーである。

崖崩れで表土が失われたり、長年の里山的利用で土がすっかり痩せて禿山状態になってしまったような土地に、好んで侵入し、根を生やす。

はたから見ていると、なにも、そんな過酷なところを選ばなくったっていいだろうと余計な心配をしたくなるのだけれど、わざわざそんな過酷なところを選ぶ理由が、実は、根と共生しているキノコの一種「菌根菌」なのである。

松という木は、菌根菌と一緒でないと元気に生きていけないという因果な木なのだ。

松の細根に菌根菌が共生すると、細根自体は消滅し、以後、松は大地からの恵みをほぼ全面的に菌根に依存することになる。共生した菌根菌は、広々と伸ばした菌糸で痩せ地のわずかな水分やミネラルなどの肥料分をかき集めて松に供給する。反対に松は、糖などの光合成由来の栄養分を菌根菌に与える。こういう互恵関係により、松は生きているのだ。

ところが、松の木が大きく育ち、地面に松葉がつもり、徐々に土が出来てくると、今度は松以外の木も育つことが出来るようになる。松と広葉樹が入り混じる針広混淆林に、自然に遷移していくことになるのだが、ところが、そこで皮肉なことが起きる。

広葉樹の落ち葉でさらに土が豊かになると、松の根と共生している菌根菌が、豊かな土に住む微生物たちに負けてしまうのだ。

菌根菌が弱ると、それに依存していた松も当然弱り、最終的には枯れて、広葉樹たちに席を譲ることになる。

こうして見ると、松がやっていることは、「利他主義」の典型みたいではないか。なんだか、松っていい奴じゃないか、なんて思い始めてしまう。

したがって、そういう「いい奴」が、自然の遷移で枯れている分には、（そぞろ哀れは誘われるものの）なんの問題もないのである。

問題があるとすれば、松以外が生えていないような痩せ地や、まだ後継樹が育っていないような場所の松までが、マツノザイセンチュウの悪さによって枯らされてしまうことである。

松を守る

したがって、ここでも何より大切なのは、植生調査である。

調査の結果、健全な遷移が見られる林――松以外の将来の主役になれる木々がしっかりと育っている林では、そのままの遷移に任せ、道沿いの枯れ松など、通行人にとって危険な支障木だけを除伐すればいい。

後継樹が全くないような場合には、苗木の補植を検討する必要がある。

カシナガのおかげで、従来ならば「後継樹あり」と判定できた、コナラ、クヌギ、クリなどが混交している林も、残念なことに、いまや「後継樹なし」と判定せざるを得ない。

こういうわけで、「天然水の森」では、補植が必要なエリアが、いきなり広大に増えてしまった。カシナガの項でも書いたことだが、地元のDNAにこだわった苗木生産システムの構築が急がれるところである。

ちなみに、「天然水の森」の中には、ナラ枯れ、松枯れ、鹿の食害という三重苦の森が、ここ数年でどんどん増えている。カシナガと鹿が、あっちからもこっちからも押し寄せてきているからだ。

こういう森では、樹種転換のために多種多様な苗木を植えようと思っても、鹿が嫌いな木以外は、全部食べられてしまう。鹿の不嗜好性植物で緊急避難できればいいのだけれど、苗木生産が追いつかないため、とりあえずは、柵で覆う以外にない。

山に柵ばっかり増えていくのは、どう考えてもいいこととは思えないのだけれど、ううむ、しばらくは、しょうがないのだろうか。

一方、もともと松しか育たないような瘦せ地での松枯れは、そのまま山の崩壊に結びつく危険性がある。

そのような場所では、マツノザイセンチュウに抵抗性のある苗木に植えかえたり、松の根方に炭を埋め込んで菌根菌との共生を改めて促し、松の抵抗力を高める、などの試みを始めようとしている。

炭の利用に関しては、菌根菌の権威であり、炭をつかって全国の松を救っている「白砂青松再生の会」の会長・小川真先生のご指導をいただいて、山梨県の白州と京都の天王山で実験を始めている。全国の松林で成功している処方にいまさら実験もないものだが、広く始める前には、とりあえず自分の目で見ておきたいというのも人情でしょ、ということで先生にはご了解いただいている。

そうやって実験した炭の効果は、驚くべきものだった。

最初の実験場所は、白州蒸溜所から少し離れたところにあるウイスキー用の樽工場の敷地内に広がっている松林である。ここでも、ご多分にもれず、次々に松枯れが広がっているのだが、せっかくの実験である。

「これはもう、枯れてもしょうがないな」

というくらいに弱った松をわざわざ選ぶことにした。

弱った松の根方を掘り起こし、穴際に出てきた根を丁寧に剪定してから、中にたっぷりと炭を入れ、パラパラとリン酸肥料をまいてから、きれいな砂で薄く覆ってやる。

これだけの作業で、なんと翌年には、あんなに弱っていた松が、青々とした元気な葉を伸ばし始めたのだ。

炭の中はきわめて清浄で、菌根以外の菌やバクテリアが生きにくいため、松の細根と菌根菌との再共生が、すみやかに進むのだという。

思わぬ救世主

もうひとつ、身近なところで、マツノザイセンチュウから松を救ってくれる動物がいる。鳥である。

鳥?!　と意外に思うかもしれないけれど、鳥である。

サントリーの七不思議の中に、「白州蒸溜所の松」がある。このあたりの松林には、すでにマツノザイセンチュウの被害が広がっており（樽工場がいい例だ）、次々と松枯れが広がっているのだけれど、なぜか、蒸溜所の松だけは元気である。

実は、白州蒸溜所では、一九七三年の設立当初から、場内に、五〇ヘクタールにも及ぶ松を主体とした森林を残し、「バードサンクチュアリ」つまり「鳥たちの聖域」として保護活動を続けてきた。

「Today Birds, Tomorrow Man」――「今日鳥たちの身に降りかかる不幸は、明日は人間のものになるかもしれない」というメッセージを合言葉に始めた「愛鳥キャンペーン」の一環

1973年に始まった愛鳥キャンペーンの新聞広告。

である。自然環境に一番敏感な小鳥たちを指標にすることで、身の回りの環境を守っていこうじゃないかということで、当時としては画期的に新しい環境活動だった。

そして三十数年。木々が大きく育つにつれて、白州蒸溜所の森には、アオゲラを始めとする、虫を食べる鳥たちがたくさん棲むようになり、その鳥たちが、どうやらマツノマダラカミキリを片っ端から捕食してくれているようなのである。

この森をつくったころには、ぼくたちは鳥を守ってあげるつもりでいた。

しかし、なんのことはない。今になってみると、反対にこの森は、鳥たちに守られていたようなのである。

このことに、ぼくは、象徴的な思いを抱く。

ぼくらは、なにかというと「自然を守る」とか「環境保護」とか「生態系サービス」なんて言葉を平気で使っているのだけれど、それって、ものすごい上から目線ですよね。

人は自然に生かされ、守られている小さな存在にすぎないのに……そのことを、白州の鳥たちは、改めて教えてくれているように思う。

ちなみに愛鳥キャンペーンの精神は、天然水の森の整備方針にきちんと受け継がれている。

一方、愛鳥活動のもうひとつの重要な柱である「啓発活動」は一時期休眠状態になりかけたのだけれど、数年前に、担当者が現在の高井奈緒美に変わってからは息を吹き返し、ホームページなどのメッセージも非常に充実してきている。一度ぜひお訪ねいただきたい。

http://www.suntory.co.jp/eco/birds/

まったくの余談だが、この白州蒸溜所で蒸溜されているウイスキーには、森の若葉や柑橘類を思わせる特有の爽やかな香りがある。

そして、その香りが、どうやら仕込み水に由来しているらしいことが、近年明らかになってきた。この水を京都郊外・山崎のパイロットプラントに運んで蒸溜しても、まったく同じ系統の香りが立ちのぼり、同様に山崎の水をつかうと、シングルモルトウイスキー山崎に特有の、あのどっしりした重厚な香りが立ちのぼるのだ。そして、さらに調べていくと、どうやらその香りには、白州蒸溜所の松の根の分泌物と、山崎蒸溜所の竹からの成分が、それぞれ影響を与えているのではないかという仮説が出てきたのである。

もしその仮説が正しいなら、周辺に迫っている松枯れは、事業の根幹をゆるがしかねない脅威である。その脅威から、なんと鳥たちが守ってくれていたのである。まさに「情けは人のためならず」ではないか（ちなみに、この諺の意味は「人に情けをかけておくと、いつかは自分にかえってくるよ」という教訓である。最近「無用な情けは、その人のためにならないから、余計なことはしないほうがいい」という解釈が流通しているようなので、念のため）。

マツタケ山再生プロジェクト

さて、ナラ枯れ・松枯れと重たい話ばかりしてきたので、この章の最後に楽しい話題をひとつ。

舞台はやはり天王山である。

協議会のメンバーから、マツタケ山を再生したいという熱心な声が上がったのである。天王山の山頂付近では、かつてはどっさりとマツタケが採れていた。それが、いまや一本も出なくなってしまった。

「いったいなにが起こっているんだ?!」

と、そういうわけで、炭利用でもご登場いただいた小川真先生に、特別講義をしていただくことになったのである。

その要旨を簡単に書くと、関西にマツタケ山が多かったのには理由がある。

文化先進地の関西では、薪炭林利用や、田畑に腐葉土を供給するための「地掻き」によって、早くから山の栄養分が徹底的に搾取されつづけていた。そのため、関西では、土地が痩せ、松しか生えないような禿山がいたるところに広がっていた。

マツタケというキノコは、松の根に共生(もしかすると、マツタケに限っては寄生)している菌根菌の一種なので、そういう痩せ山で最も豊作になる。

つまり、マツタケは山の悲鳴みたいなものなのである。

そういう山が、戦後になって放置され、雑木林への自然な遷移が起こり、土が豊かにふかふかになってきた。痩せ地を好むマツタケ菌にとっては、大変厳しい環境に変化しているのである。

そのような状況下で、どうしてもマツタケ山を再生したいなら、要は、「地掻き」をすることだ。

松以外の広葉樹をみんな伐ってしまい、ふかふかになった表土を徹底的に剝ぎ取り、毎年落ちてくる落ち葉を掃除して、痩せ地にもどしてやることだ。

「だからって、すぐさまマツタケが出てくるなんてことはありませんよ。最低十年は続けてくださいい」

と、小川先生は、話を締めくくった。

これには、ぼくも、うーんと唸った。十年という数字に唸ったわけではない。これって、ある意味、われわれがやっている水源涵養の理念と正反対なんじゃないだろうか。こんな活動にどういう理屈がつくんだろうかと、首をひねったのだ。

で、その日、首をひねりながら天王山を歩いたのだけれど、やっぱり正解は、常に現地にある。山頂に近いわが社の社有林の中に、「尾根筋に比較的健全な松が固まってあり」「すぐ斜面の下には雑木林が広がっている」「ただし、雑木林の土壌はまだまだ薄く、健全さにはほど遠い」という区画が見つかったのである。

この場所で松林の地面を地掻きし、剝ぎ取った腐葉土を雑木林のほうに移してやれば、尾根筋の松山では、松山特有の生態系が復活し、雑木林では土が豊かになることで、木々も元気になるし、表土が厚くなることで水源涵養力も高まる。裸になった松山からは、大雨の際に表土を含んだ水が流れてくるかもしれないけれど、その程度の量なら、雑木林の表土が吸収してくれるはずだ。

となれば、現状よりも、間違いなく生物多様性も高まる上に、水源涵養力の向上も期待できるではないか。

そして——。

そう、なによりも、地元の皆さんの「なんとしてもマツタケを再生したい‼」という熱意にもお応えすることができる‼

そういうわけで、再び小川先生にご指導いただき、マツタケ山に侵入していたソヨゴやリヨウブなどの広葉樹をすべて除伐し、最初の地掻きは森林組合にお願いし（なにしろ、一〇センチ以上の厚さに腐葉土がつもっていたので、素人ではとても手が出せない状況だったのだ）、こうして、地元有志（小学生も大喜びで参加）によるマツタケ山再生プロジェクトが始まったのである。

活動の内容は、ただひたすらに地掻き。それがすんだら、筋状に穴を掘って、炭を敷きこんだ上に、松の種を撒く作業。炭は、別の天然水の森で焼いたものをあらかじめ送っておく、というもの。単純作業だけど、これが、結構たのしい。

で、どうなったかというと、まず、種からの松は、非常に順調に育っている。小川先生によれば、あらかじめ炭を敷き込んでから植えた松は、松枯れに対する抵抗力がとても強いのだそうだ。もっとも、それが証明されるのは、数十年後のことになるだろう。

肝腎のマツタケは、どうだったか。

なんと、活動を始めてわずか二年目の二〇一〇年に、早くも二本のマツタケが収穫されたのである。この年がキノコの大当たり年だったということもあるだろうけれど、

「いやあ、実際、こんなこともあるんですねえ」

と、一同、感無量なのだった。

第六章
森から広がっていくつながり

京都人の常緑樹嫌い

サンアドへの出向から環境部に帰り、初めて「天王山周辺森林整備推進協議会」に出席した時、京都の人たちの常緑樹嫌いに、ひどく驚かされた憶えがある。

竹藪を強めに間伐し、地面に光が入るようになると、たくさんの広葉樹が自然に生えてくる。ただし、天王山では、実生のほとんどが、スダジイ、ツブラジイ、アラカシ、ヤブツバキ、サカキ、ヒサカキ、クスノキ……といった常緑樹で、落葉樹はヤマウルシ、アカメガシワ、タラノキ、カラスザンショウ、タカノツメといった、どう考えても山の主役にはなれないような木が多いのである。

となると、普通に考えれば、この森は、将来常緑樹の森に転換していくしかないのだけれ

ど、

「やだ」

というのである。

「常緑は、真っ暗になってあかん。嫌いや」

と、にべもないのである。

「なんちゅうわがままだ」と、正直、天を仰いだ。

実のところ、そのころのぼくは、まだ「潜在植生」という言葉を多少なりとも尊重していたので、どちらかというと常緑樹派だったのである。

潜在植生とは、その土地の森を数百年から数千年、人手を触れずに放置し、自然に遷移させたら、きっとこうなるだろうという植生のことである。

関東以西の平野部では、「照葉樹」つまり、クスノキ、タブ、カシ、シイなどを主木とした常緑の広葉樹林――たとえば九州・宮崎の「綾の森」のような姿が、本来の潜在植生だと言われている。

本州の平野部の正しい姿は、「落葉の広葉樹林」だと思っている方が多いだろうから、この説には意外な感じがするかもしれないけれど、気温や雨量などの気象条件を考えると、恐らく常緑の広葉樹のほうが適しているし、事実、人間が攪乱する以前の関東以西は、鬱蒼とした照葉樹林だったことが、花粉分析などで証明されている。

落葉樹を主体とした現在の森の姿は、昔の日本人が、もともとあった常緑の森を根気よく伐り倒し、薪や炭、シイタケのホダ木などにぴったりなクヌギ、コナラを中心とした落葉樹林に切り替えていった結果である。

従って、この里山的落葉樹林を放置すると、地面からは、本来の植生である照葉樹が次々に生えてきて、数十年もたつと照葉樹林へと変化していってしまう。

本来の植生に戻るのだから、いいことじゃないか——と、ぼくもそう思っていたし、読者の皆さんも思うかもしれないのだけれど、ここで実は、不思議というか、ひどく不都合なことが起き始めてしまうのだ。

九州の照葉樹林は、林内がまっくらになるほど鬱蒼と生い茂っていても、地面には草や低木がたくさん生えていて、土がむき出しになるようなことはない。おそらく、長い歴史の中で、真っ暗な森の中でも育つことが出来る耐陰性の強い下層植生が、常緑の巨木と一緒に進化してきた結果だろうと思われる。

ところが、本州で山を放置した結果成立する照葉樹林の地面には、ほとんど草が生えてこないのだ。手入れ不足のヒノキ林と同じように、地面がむき出しになってしまうのである。

当然、表土の流失が起こりやすくなる。

どうして、そんなことが起こるのか。

おそらく、本州の里山では、数百年にわたって落葉樹の萌芽更新と「柴刈り」が行われてきた結果、常緑樹の下に生えるような耐陰性の強い低木や草のほとんどが、根絶やしにされてしまっているのだ。

となると、本州での照葉樹林化は、決していいことではない。生物多様性の点から見ても、水源涵養の視点でも、望ましい姿とは、とうてい言えないのだ。

なんと!!

京都人の「わがまま」は、わがままどころか、正しかったのである。

しかし、これは、エライことである。

新たに植樹する際には落葉樹を選ぶ、というのは、まあいいだろう。しかし、自然に生えてきている常緑の木や、すでに立派な森にまで成長している照葉樹林を全部伐ってまで植樹をするべきなのだろうか。そんなことをすれば、想像を絶するお金と労力が必要になるに違いない。

いくら京都の人が好きだからといって、そんなことを広々とやるのは、不可能である。

ならば、どうするか。現に「天然水の森」が増えるにつれ、照葉樹林の面積もどんどん増えている。そして、それらの森の中には、すでに放置ヒノキ林同様の土壌流失を始めているところも散見されるのである。

というわけで、ある日、酒を飲みながら、ひらめいてしまったのである。木を植えるのが難しいなら、草を植えてやろうじゃないか。

各地の鎮守の森など、古くからある照葉樹林の林床を調べれば、きっとそこには、九州ほど多彩ではないまでも、耐陰性の強い草が生き残っているのではないか。そいつを捜し出して増やしてやり、山に戻せばいいんじゃなかろうか。

草ならば、なにも一面に植える必要はない。競合する草がもともと何も生えていない森の中である。環境さえ合えば、きっとすごい勢いで増えてくれるはずだ。

さて、この研究は、どなたに頼もうか。たぶん、服部保先生が適任だろうなと、今は思い始めている。

ところが、課長の岩崎は、この話を聞いたとたんに、

「また、思いついちゃったんっすか?!」

口を半開きにし、(また仕事が増えるじゃないっすか、勘弁してくださいよ!!)という情けない顔をした。ま、気持ちは分からないわけじゃないけどね。なにも、ぼくは、君らの仕事を増やそうと思って「思いついてる」わけじゃない。結果的に、将来の仕事はうんと楽になるはずなのだ。

もっとも、将来仕事が楽になった頃には、多分、ぼくも岩崎も、もう会社にはいないだろうけれど。

水田涵養も始めてみました

もうひとつ、思いついちゃった話である。

「天然水の森」の第一号は、熊本県の阿蘇だった。

その設定当初から、

「他の土地なら、山だけでいいかもしれないけど、熊本で山だけじゃあ、片手落ちなんじゃないの」

と、強く諫言してくださっていた方がいる。

東海大学(九州)の市川勉先生である。

先生によれば、熊本は、全国でも有数の地下水に恵まれた県である。熊本市の水道水源は一〇〇パーセント地下水。県内の各所にこんこんと湧き出る泉があり、まさに地下水の都である。ただし、その地下水の成り立ちには、かなりの特殊性がある。

熊本市の湧き水といえば、誰もが水前寺公園と江津《えづ》湖を思いだす。ともに全国でも有数の湧水をメインにした親水公園なのだが、驚くべきことに、この二つの湧き水が、戦国時代まではなかったというのだ。

戦国時代末期。

熊本に城を構えた加藤清正は、白川中流域にある菊池台地に用水路を引き、大規模な新田開発を始めた。ところが、このあたりの大地には、阿蘇の大噴火による火山灰が数十メートルの深さで降り積もっていて、ほとんどザルのように水が浸みこんでしまうのである。田んぼに水を引いても、引いた分だけ浸みこんでしまう。他から粘土を運びこみ、代掻きを何度も何度も繰り返すことで、ようやく田んぼの形をなすまでにはなったものの、それでも、通常の田んぼの何倍もの水を引き続けないかぎり、あっという間に田んぼが干上がってしまう。

そういう特殊な田んぼに水を入れ続ければ、当然、地下水の涵養量は、膨大なものになるだろうことは、想像がつく。

それを証明するように、ある時、水前寺公園と江津湖のあたりに、ドンっと水が湧き出したというのである。なんと、あの湧き水は、人工のものだったのだ。

そういう歴史を踏まえて、市川先生は、数十年にわたり、各地の湧き水の湧水量と地下水の水位、そして田んぼからの涵養量を調査し続けた。その地道な調査の結果、当然といえば当然の数字が出てきたのである。

田んぼの減少が、そのまま地下水資源の減少に結びついてしまっているというものだ。

そこで先生は考えた。

自治体や企業の力を借りて、夏場の休耕田に水を張ってもらってはどうか。まっさきに手を上げて協力したのが、熊本市とソニーさんである。

先生は、その足で、われわれのところにもいらっしゃったらしいのだが、すみません、ぼくはサンアドという会社に出向していて、ちっとも知りませんでした。

ま、われわれの工場の位置と白川中流域の関係がちょっと微妙だということもあったし、なにより、「南阿蘇外輪山に降った雨を源とする地下水」というメッセージと、全然別の場所にある台地の上の田んぼでの涵養というのは、いかがなものかという理由も当然あっただろう。いま考えても、間違った判断だったとは思わない。

ところが、その後、ちょっぴり事情が変わってきた。

九州熊本工場で汲み上げている地下水を森で涵養するためには、実は二五〇ヘクタールほどの広さが必要なのだけれど、当初設定した「天然水の森」は、一〇二ヘクタールしかなかったのだ。

そこでわれわれは、従来の「天然水の森　阿蘇」から見ると、多少下流側に位置する城山《じょうやま》国有林一七〇ヘクタールを対象に、新たな協定を林野庁と結ぶことにしたのである。

で、現地を調査してみると、面白いことが分かってきた。

この森の山裾には、森を取り巻くようにして金山川という小さな川が流れているのだが、この川が谷から流れ出し、本流の木山川に合流するあたりの扇状地に、広々とした田んぼが広がっていたのである。さらに地質を調べると、扇状地の入口あたりの狭い場所にある田んぼのすぐ下に、工場の地下深くに直結する砥川《とがわ》溶岩層という極めて透水性のいい地層が隠れていることが判明したのだ。

その上、このあたりの水田は、冬の裏作をまったく行っていないことも明らかになった。だったら、冬に水を張ってもらえば、最高の水源涵養になるではないか。

金山川の上流で手入れ不足の人工林や渓畔林の整備をすれば、川の水がきれいになるだけではなく、大雨の際の洪水流失が減り、反対に雨の少ない冬の河川流量はおそらく増えることになるだろう。その増えた分を、山から流れ出た直後の水田で地下に沈めてやる。山と川と水田の一体管理である。これなら、物語としても、非の打ちようがないのではないか。

このストーリーに、担当の三枝がやる気を出した。地元の益城《ましき》町役場と水田の水管理をしている土地改良区の役員さん、そしてもちろん、当の水田をお持ちの区長さんと農家の皆さんを精力的に回り、情熱的に相談を持ちかけてくれた。

「天然水の森」の活動では、実はこの地元との事前協議がものすごく重要で、話の持って行き方次第では、成るものも成らなくなってしまう。その部分のお話もとても面白いのだけれ

ど、今回は紙面の関係上、諸々（中略）をさせていただき、幸い最終的に、ほぼ全員の皆さんから、

「面白いじゃないか!!」

という同意をいただいたのである。

同時に、この問題についてのノウハウをお持ちの先生方にも、声をかけさせていただいた。

今回お願いした先生方は、もちろん東海大学の市川先生。そして、城山の植生調査と森林整備に宮崎大学の伊藤哲先生、さらに冬に水を張る田んぼ（冬水田んぼ）とその周辺の水環境整備に九州大学の島谷幸宏先生という、錚々たる面々である。

城山では、針葉樹人工林をキチンと間伐・枝打ちすることにより、蒸発散量を抑えると同時に下層に植生を導入し、土壌を育んでいく。生き物にとっても水にとっても最も重要な場所である渓畔林は、杉・ヒノキの人工林から、多様な樹種で構成された広葉樹林に転換していく。

島谷先生は、もともと国交省のお役人だった方で、各地の河川の自然再生を手掛けていらっしゃる。今回の冬水田んぼでは、まずは田んぼと川の交流を確保するための魚道や、田んぼの中干しの際に、水中の生き物たちの逃げ場になるような「溜まり」を水路につくるなどの計画を立てて下さっている。どうやら先生は、金山川そのものも自然再生の対象にしたい

冬水田んぼ。刈り取り後の田に、そのまま水を張った。

ようで、そうなると、ものすごく大きな仕事になる。ただしそれは、あくまでも町のみなさんの意向次第である。

河川再生なんて大規模事業に、一企業が手を出すわけにはいかない。町の事業としてそれが動き出すならば、ぜひ、われわれの「天然水の森」や「冬水田んぼ」と一体になる形でご協力していきたいと願うのみである。

そして、市川先生には、もちろん、冬水田んぼによる地下水涵養効果を実証していただくことになる。予備的な実験では、わずか三ヘクタールに五カ月湛水するだけで、なんと一〇〇万トンを超える地下水が涵養されるという、ちょっとびっくりするような数値が出てきている。

田んぼへの湛水は、二〇一〇年の秋からスタートしており、島谷研究室の面々による「田んぼとその周辺の生きもの調査」も始まっている。この生き物調査は、二〇一二年春からは、地元の小学校と共同で行うことになる予定である。子供たちが参加してくれることで、この活動も一層地元密着型に育ってくれるのではないかと期待している。

島谷研究室による「田んぼの生きもの調査」

鶴を呼ぼう！

実は、この活動には、当初、もうひとつの目論見があった。

鶴を呼ぼうというものである。

いま、東アジアにいるマナヅル・ナベヅルは、そのほとんどすべてが鹿児島県の出水《いずみ》に一極集中してしまっている。冬の渡りの時期に、一万羽を超える鶴たちが一カ所に集まる風景は確かに圧巻だけれど、逆の見方をすれば、これほどリスキーな光景はない。なんらかの事故が発生すれば、いきなり全滅という最悪のシナリオも考えられるではないか。

そういうリスクから鶴を守るためには、出来るだけ多くの地方に鶴を分散させるほうがいい。

しかし、鶴を呼ぶためには、浅く水が張られている湿原が絶対に必要である。

鶴という鳥は、夜、浅い水が張っている場所以外では眠れない。水の中ならば、夜陰にまぎれて天敵のキツネや犬が近づいてきても、足音が水面を走って危険を教えてくれる。

ところが、である。

かつては、日本のいたるところにあった低湿地は、都市開発であらかた姿を消し、同時に水田の乾田化によって、冬に水がたまっているような田んぼも次々に姿を消しているのだ。

鶴にしてみれば、たまったものではない。

となると、益城町で行う冬水田んぼは、もしかすると、鶴にとっての理想のねぐらになる可能性が出てくる。

そういう目で、日本鳥類保護連盟理事の柳澤紀夫先生にご相談したところ、現地をご覧になった先生が「ここは、いいよ」とお墨付きをくださったのだ。

で、その話を町に持っていったところ、町長以下、関係者みんなが、大乗り気になったのだ。いっそのこと、鶴で町起こしをしよう。鶴のための田んぼのお米に「鶴の恩返し」という名前をつけてブランド米にしよう……などと、夢はどんどんふくらんでいったのである。

その夢にいきなり水をひっかけたのが二〇一〇年の年末に、出水の鶴に発生した鳥インフルエンザである。

益城町周辺にも、ニワトリの養殖業者はいっぱいいる。鶴のインフルエンザが、ニワトリに感染するリスクが限りなく低いことを証明しない限り、地元の合意を得ることは難しいだろうということになってしまった。

出水の鳥インフルエンザは、不思議にも、あっという間に収束した。人間のインフルエンザがくしゃみなどによる飛沫感染で、ウイルスが呼吸器系から侵入するのに対して、鳥たちの場合は消化器から感染する。つまり感染した鳥の糞が混じった水を飲めば、間違いなく感染は広がるはずなのである。わずか二ヘクタールに一万羽の鶴がぎっしりと眠っている出水の状況は、どうぞ、感染してくださいと言っているようなものなのだ。それがなぜ、あんなにも簡単に収束したのか。そのあたりが解明できれば、ニワトリへの感染のリスクの少なさも証明できるかもしれない。東京大学で水中ウイルスを研究されている片山浩之先生にお声がけしようかな、などと考え始めているのだが、たぶん、研究にたどりつく前に、かなりたくさんのハードルが待ち構えているんだろうなと、予想している。

ちなみに、益城町のように鶴の分散化運動を始めようという方々を対象として、日本鳥類保護連盟が「鶴と暮らそう」というとてもいいパンフレットの企画を進めている。

鶴と暮らすにはこんな工夫がいるんだとか、鶴ってこんな習性の鳥なんだ、などといった様々なノウハウと知識が満載で、面白いだけでなく、とてもためになる。

かつて、鶴という鳥は日本全国の空を舞っていた。

そういう時代をもう一度取り戻すのは、かなり難しいことだろうけれど、出来れば、一歩一歩でも、そういう未来に近づいていきたいものだと夢見させてくれる内容である。

これからの日本が、もっともっと環境共生型の社会に脱皮していこうとするならば、鶴という鳥は、きっと格好のシンボルになってくれるはずだ。

三十数年前、「Today Birds, Tomorrow Man」を合言葉に愛鳥キャンペーンを始めた当時、この言葉は「今日鳥たちの身に降りかかる不幸は、明日は人間のものになるかもしれない」という警告のメッセージだった。しかし、そろそろぼくらは、その意味を一八〇度転回させるべき時代に来ているのではないか。

「今日鳥たちの身に訪れる幸福は、明日は人間のものになるかもしれない」――そうだ。まずは鶴から始めようではないか。

「鶴と暮らそう」を読みながら、ぼくはそんな思いに打たれていた。

というわけで、このパンフレットには、ぜひサントリーも協賛させていただき、まずはわれわれのホームページでもご紹介させていただこうということになった。愛鳥担当の高井が中心になって準備を進めているので、ほどなくご覧いただけるのではないかと思っている。

大学演習林プロジェクト

「天然水の森」では「研究と整備の一体化」を、絶対条件のひとつとしている。

地下水涵養のためには、どんな森に誘導するのが正しいのか――迷った時には、必ず科学に答えを求めること。

森が増え、このコンセプトがますます明確になってくるにつれ、だったらいっそのこと、大学の演習林と一緒になって活動する手もあるんじゃないかというアイデアが、いつもの通り酒に酔った頭に舞い下りてきた。二〇一〇年の秋のことである。

もちろん「工場の水源涵養エリアに限る」という理念は、絶対に守らなければならない。となると、思いつくのは、東京大学の秩父演習林と、東京農大の奥多摩演習林だった。これは、相当に面倒な交渉になるぞ、と考えたぼくは、松倉を担当につけることにした。松倉は、ぼくの同期である。

森が増え始め、当初からのメンバーである三枝ひとりでは回りそうもなくなった時に、

「この活動は、サントリーの事業活動の根幹である地下水の持続可能性を担保するためのものである。しかし、いまのままの陣容では、そもそも活動の持続可能性が維持できない。二十年先、三十年先のことを考えるならば、若くて優秀なのをひとりつけてほしい」

そう、人事に要請したのである。

その結果、人事が選んだのが、松倉だったのだ。

「どこが若手じゃい‼」

思わず引っくり返りそうになったのだけれど、結果的に松倉には感謝することになる。この活動では、役場や地元関係者、社内関連部署への根回し、先生方の研究と実際に整備を行う事業者とのすり合わせなど、面倒で微妙な調整仕事が山のようにある。そういうひとつひとつを、松倉は年齢にふさわしい落ち着きをもって堅実な足取りでこなしてくれるのだ。正

直言って、そういうのが大の苦手のぼくには、実にありがたい。

ちなみに、この段階では、人事は「天然水の森」なんかには（良くも悪くも）あんまり関心がなかったようなのだけれど、ここにきて、さすがに胸に落ちるところがあったのだろう。ようやく東大の修士課程で水処理工学を学んできた三十代の鈴木健を専従とし、同じく東大修士で植生と森林利用の研究をしてきた二十代の米谷法子の体半分を、この活動につけてくれた。

彼らのミッションは、各地の森で行われている研究成果を全国の森の整備計画にきちんと反映させていくことだ。ただし、森の姿は、ひとつとして一様ではないため、いわゆる「水平展開」はできない。ひとつひとつの森の現状に合わせて、研究成果をアレンジしていく必要がある。かなり難しい仕事になるはずだが、多分二人は、きちんとこなしてくれるはずだ。

だって考えてもみてほしい。彼らは、七〇〇〇ヘクタールの研究林で、各界を代表する数十人の先生方と一緒に、現地密着型の生きた勉強をさせてもらえるのだ。これほど恵まれた教育機関は世界中を探してもないだろう。幸い二人とも、森での仕事を「楽しみながら」学んでくれている。かの孔子様も言っている。「これを知る者は、好む者にしかず。これを好む者は、楽しむ者にしかず」と。楽しんでくれている間は、きっと大丈夫だと信じている。

さて、東京大学では、全国の演習林の総責任者の白石則彦先生と秩父演習林長の鎌田直人先生、そして寄付講座「水の知」でもお世話になっている渉外本部の安藤晴夫さんが、学内の調整に走り回ってくださり、東京農大では、地域環境科学部長の宮林茂幸先生と、「天然水の森　奥多摩」でもお世話になっている菅原泉先生が、これまた学内調整に走り回ってくださった。

こうして、おかげさまで、東大は秩父演習林のうちの一九一八ヘクタールという広大な面積を、農大は奥多摩演習林のすべてにあたる一六五ヘクタールを対象面積にしてくださった。従来の「天然水の森」とは異なり、ここでは先行する研究がどっさりとあり、関係されている先生方も多彩である。それらの業績に乗る形で整備を進めることが出来るのだから、われわれにとっては願ってもない。

両者に共通するのは、まずわれわれの手で航空レーザー測量をしてGIS（地理情報システム）化し、その中に、従来の研究を整理していくというステップを踏む点である。この段階を踏んでおくことで、以後の研究精度は、飛躍的に高まる。

すでに触れた植生調査はもちろんだが、たとえば、道づくりひとつをとっても、田邊式、大橋式の両者に実際に道をつくってもらい、彼らがどういう地形を選んで線形をつくっているのか――従来は、熟練者の現場での勘に頼るしかなかったブラックボックスの部分も、レーザー航測のデーターと重ね合わせることで、ソフト化できるのではないかと期待している。

そうなれば、天才たちの道づくりが、はるかに容易に普及していくことになるだろう。

ひとつひとつの研究は、まだ未定の部分が多いけれど、両大学とも、びっくりするほど多くの研究者がこの協定に興味を示してくださっている。ありがたい限りである。

この協定のもうひとつの特徴は、研究成果をすべて公開するとしている点である。

この精神は、すべての「天然水の森」の研究とも共通している。

ぼくらは、成果を独占するつもりは毛頭ない。研究を公開することで日本の森が少しでも良くなっていってくれるなら、それこそが願いである。

「天然水の森」のホームページには「森の研究」というページを設けてある。まだまだ数は少ないけれど、公表できるだけの成果が出た時には、順次、ここに公開していく予定である。ご自分の森の整備方針に疑問を抱いたような時には、ぜひとも参考にしていただきたい。

自然再生のキーワードは「生物多様性」の復活

一見健康そうに見える日本の森にも、実はこれほどまでに多様な問題が潜んでいる。

細かく見ていけば、さらに問題は多くなり、そのひとつひとつに焦点を当てようとすると、まるで藪の中に紛れ込んだようなことになりかねない。

しかし、実のところ、すべての問題に通底している最も重要な問題は、「生物多様性の劣化」――言い換えるなら「自然の単調化」である。

手入れ不足の人工林問題も、増えすぎた鹿問題も、拡大竹林問題も、カシナガ問題も、松枯れ問題も、常緑樹問題も……考えてみれば、すべて自然を単調化させてしまった人類への、大自然からのシッペ返しである。

だとすれば、解決策は、ひとつしかない。

もう一度、多様性を取り戻してあげることだ。

いままで、行われてきた対策――たとえば、松枯れを防ぐために殺虫剤を空中散布するような、いわば西洋医学的な対症療法は、たぶん大自然の治療には向いていない。そんなことをすれば、ターゲットのマツノマダラカミキリだけではなく、無関係な多くの虫や鳥、動物たちまでもが大量殺戮されてしまい、結果的には、森全体の環境がさらに悪化することになるだろう。

今、大自然が必要としているのは、たぶん、東洋医学のように全身のバランスを調整し、自然治癒力を高めていくような治療法である。

漢方では、薬を上・中・下に分ける。病原菌を叩くような即効性のある薬は下薬、効き目はゆっくりでも、確実に自然治癒力を高めていく養生薬が上薬である。同様に、森の上薬も、効き目はゆっくりとしか出てこないと、あらかじめ覚悟を決めておく必要があるだろう。

生物多様性という言葉は、最近は遺伝子資源の重要性のような「経済的側面」から語られることが多い。

しかし、最も重要なのは、大自然の中では、単調な生物で構成されている集団よりも、複雑で多様な生物で構成されている集団の方が、間違いなく強く、健康で、外部からの予期せぬ環境変化にも、しなやかな抵抗力をもつという点なのだ。

一種類の木で構成されている森よりも一〇種類の木で構成されている森の方が、一〇種類の木で構成されている森よりも一〇〇種類の木で構成されている森の方が強いというのは、直観的にも理解できるだろう。一〇〇種類の木があれば、そのうちのたった一種類にすぎない松が枯れても大きな問題にはならないし、そもそも、その一種類だけに依存している害虫が大発生することもないはずなのだ。

森の中で希少な絶滅危惧種が発見された時の対応も、東洋医学的であるほうがいい。希少動植物を単なる「遺伝資源」と見てしまうと、それを採集してきて温室やケージの中で育てるというような解決策を考えがちだが、そんな対策は、単なる緊急避難にしかならない。やらないよりはやった方がましだろうが、その希少動植物が生きていける環境を現地に復活しないかぎり、ケージで保護した動植物を再び自然に帰すことは不可能である。

たとえば、われわれの「天然水の森」の中にも、森林性の鷹であるクマタカが棲んでいる森がある。そこでわれわれは、クマタカ「だけ」を守るのではなく、クマタカが棲める環境全体を守る活動を始めようとしている。クマタカの餌となる動物たちや、そのまた餌となる動物たち、さらにはそれらすべての動物たちのための第一次生産者である植物群を支える土壌や土壌微生物、水環境、光環境まで含めて、森全体を、多様で健全な環境に誘導していこうと考えているのだ。

森が大きなバランスを取り戻すまでには、たぶん長い時間がかかるだろうけれど、急がば回れである。

急いで付け加えておくと、われわれは、クマタカがいるからといって、人工林の整備をストップさせるとか、森のすべてを天然林に戻すようなことは考えていない。いま生き残っているクマタカは、木を伐り出すチェーンソーの音や、道を掘るバックホーの作業風景などには、すでに慣れている。

ぼくらが構築しなければならないのは、「人の生活圏」と「手つかずの自然」が厳しく線引きされているような関係ではなく、人と自然が共生できるような関係なのだと思う。

人工林には、きちんと手を入れていく。里山林の一部は、昔ながらの方法で循環型の管理をし、別の一部は、将来放置しても大丈夫なように、いま必要な治療をほどこしておく。天然林も、きちんと調査をした上で、放置する場所と、治療をほどこす場所にゾーニングする。

そうして、ひとつひとつのゾーンごとに生物多様性を高めていき、全体としても複雑なモザイクを創ってさらに多様性を高め、クマタカにとっても、人にとっても気持ちのいい環境を創造していこうとしているのである。

もうひとつ、整備活動で気をつけておきたいのは、どんなにいい解決策のように見えても、すべてを一気にやってしまわないことである。ここでも「多様性」がキーワードになる。整備自体も多様であるべきだということだ。

森林整備に関する、いま現在のぼくらの立ち位置は、「やってはいけないこと」はほぼ分かったけれど、「どうすればいいのか」については、まだ模索中という程度のところにいる。ならば、いろいろ試してみればいいし、第一そのほうが楽しいじゃないかと、ぼくは考えている。

「天然水の森」でご協力いただいている先生方の間でも、違うご意見が出ることは結構あるし、またＮＰＯやボランティアの皆さんにも、当然それぞれの思いがある。ならば、それぞれのご意見、それぞれの思いにぴったりのスペースをご提供し、実験なり活動なりを楽しくやっていただこうということだ。

今後、温暖化がさらに加速し、気候がいっそう過酷さを増すならば、今日の成功例が明日の失敗例になる危険性も充分にありうる。

そういう時にこそ、多様な実験的活動が輝きを放ち始めてくれるはずだと、ぼくは信じている。

七〇〇〇ヘクタール超の森林整備を始めてみて、いまつくづく思っているのは、(逆説的に聞こえるかもしれないけれど)七〇〇〇ヘクタールという森の小ささであり、一企業の力の限界である。

日本の森は、本当に危ないところに来ている。

この広大な森を救うためには、国の力や自治体の力だけでは、到底足りない。各地のボランティアは頑張っているけれど、量的な意味では、いかんせん、限界がある。

やはり、出来る限り多くの企業に、発想の転換をしてもらい、森に目を向けてもらうしかない、と思うのは、企業に勤める者の傲慢だろうか。

発想の転換とは、他でもない。

「社会貢献から、本業へ」という、まさに、われわれが「天然水の森」で行ったのと同じ頭の切り替えである。

要は、それぞれの会社が、本業に近いところで、森や自然と向き合えばいいじゃないか、という提案である。

実のところ、「天然水の森」には、お手本があった。

気仙沼で「森は海の恋人」を合言葉に、漁師の森づくりをしている畠山重篤さんである。カキの養殖を業にしている畠山さんは、ある時、海が痩せたのは、山が痩せたからだという直観にうたれ、山にドングリの木を植え始めた。そして、この活動が、後に、全国の「漁民の森づくり運動」につながっていく。(ご存じの方もいらっしゃるかもしれないが、畠山さんの養殖場は、震災で壊滅的な打撃を受けられた。心よりお見舞いを申し上げたい。すでに復興に向けて新たな歩みを始められており、われわれも、微力ながらお手伝いしたいと願っている。畠山さんという強力なリーダーが立ち上がることは、東北全体への牽引車になるはずである。大変でしょうが、ぜひ頑張ってください)。

畠山さんが自ら見せて下さったように、漁師が自分の海のために山に行くという、この発想には、ひとつも無理がない。

われわれの会社の「水と生きる」というコーポレートメッセージには、「漁師が海と生き、農民が土と生きるように、われわれサントリーは水と生きようと思う」という意味あいがあった。

水に生かされている会社が、水とともに生き、水を守る活動をするのは、当たり前だ、という思いである。

それを一般化するならば、同じように大量の地下水を汲み上げている機械メーカーの皆さんが水源の森を守ったり、ダムの水に依存している電力会社や食品メーカーの皆さんが、ダム湖の水源域の森を守ったり、あるいはダムの湖底にたまった土砂を浚渫《しゅんせつ》するのに協力するといった活動をするのは、極めて自然なように思える。山が荒れてダメージをうけるのは、地下水だけではない。森からの土壌流出で、ダム湖への土砂流入量が増えれば、ダムの耐用年数は想定よりもはるかに短くなってしまうだろうし、表土が持つ栄養がダムに流れ込めば、富栄養化によりアオコの大発生を呼び、水質悪化を招く危険もある。電力会社さんにとっても、食品メーカーさんにとっても、他人事ではないのである。

十年前の状況に比べれば、山を守るためにどんな整備をすればいいかは、かなり見え始めている。試行錯誤の時代がそろそろ終わり、実践の時代に入ろうとしているのだと言っていい。この実践の道を、ともに歩んでくださる同志の合流を、心より願ってやまない。

参考文献

「サントリー天然水の森ホームページ」──http://www.suntory.co.jp/eco/forest/index.html
「サントリー天然水の森パンフレット」サントリーホールディングス株式会社
『水の知──自然と人と社会をめぐる14の視点』沖大幹監修　東京大学「水の知」（サントリー）編　化学同人　二〇一〇年
『水の世界地図──刻々と変化する水と世界の問題（第二版）』マギー・ブラック、ジャネット・キング著　沖大幹監訳　沖明訳　丸善株式会社　二〇一〇年
『土壌・地下水汚染にどう対処するか』中島誠著　化学工業日報社　二〇〇一年
『緑のダム』蔵治光一郎・保屋野初子編　築地書館　二〇〇四年
『森と水の関係を解き明かす──現場からのメッセージ』蔵治光一郎著　全国林業改良普及協会　二〇一〇年
『水の革命』イアン・カルダー著　蔵治光一郎・林裕美子訳　築地書館　二〇〇八年
『森と水のサイエンス』日本林業技術協会企画　中野秀章・有光一登・森川靖著　東京書籍　一九八九年

『水の科学（第三版）』北野康著　ＮＨＫブックス　二〇〇九年
『水の不思議』松井健一著　日刊工業新聞社　一九九七年
『水の自然誌』Ｅ・Ｃ・ピルー著　古草秀子訳　河出書房新社　二〇〇一年
『人と水』（『水と環境』『水と文化』『水と生活』の三分冊）秋道智彌・小松和彦・中村康夫編　勉誠出版　二〇一〇年
『水と暮らしの文化史』榮森康治郎著　ＴＯＴＯ出版　一九九四年
『川は生きている』森下郁子編著　ウェッジ選書　一九九四年
『地球温暖化と森林ビジネス』小林紀之著　日本林業調査会　二〇〇五年
『日本人はどのように森をつくってきたのか』コンラッド・タットマン著　熊崎実訳　築地書館　一九九八年
『生物多様性モニタリング』鷲谷いづみ・鬼頭秀一編　東京大学出版会　二〇〇七年
『自然再生』鷲谷いづみ著　中公新書　二〇〇四年
『森を調べる50の方法』日本林業技術協会編　東京書籍　一九九八年
『森林生態学』藤森隆郎著　全国林業改良普及協会　二〇〇六年
『森林の環境・森林と環境』吉良竜夫著　新思索社　二〇〇一年
『人と森の環境学』井上真・酒井秀夫・下村彰男・白石則彦・鈴木雅一著　東京大学出版会

二〇〇四年
『森林保護から生態系保護へ』西口親雄著　新思索社　一九八九年
『森の日本文化』安田喜憲著　新思索社　一九九六年
『環境考古学のすすめ』安田喜憲著　丸善ライブラリー　二〇〇一年
『環境アセスメントはヘップでいきる』日本生態系協会監修　ぎょうせい　二〇〇四年
『森林の機能と評価』木平勇吉編著　日本林業調査会　二〇〇五年
『森林計画学』木平勇吉編著　朝倉書店　二〇〇三年
『最新　樹木根系図説』苅住曻著　誠文堂新光社　二〇一〇年
『土壌学概論』犬伏和之・安西徹朗編　朝倉書店　二〇〇一年
『炭と菌根でよみがえる松』小川真著　築地書館　二〇〇七年
『森とカビ・キノコ』小川真著　築地書館　二〇〇九年
『菌と世界の森林再生』小川真著　築地書館　二〇一一年
『ナラ枯れと里山の健康』黒田慶子著　林業改良普及双書　二〇〇八年
『漁師さんの森づくり――森は海の恋人』畠山重篤著　講談社　二〇〇〇年
『エコ・フォレスティング』柴田晋吾著　日本林業調査会　二〇〇六年
『主張する森林施業論』森林施業研究会編　日本林業調査会　二〇〇七年

『スギの新戦略Ⅰ・Ⅱ』遠藤日雄編著　日本林業調査会　二〇〇〇年
『水辺林管理の手引き』渓畔林研究会編著　日本林業調査会　二〇〇一年
『近自然の歩み』福留脩文著　信山社サイテック　二〇〇四年
『森づくりワークブック――人工林編』全国林業改良普及協会編　全国林業改良普及協会　二〇〇二年
『森づくりワークブック――雑木林編』中川重年監修　全国林業改良普及協会　二〇〇四年
『図解・これならできる山づくり――人工林再生の新しいやり方』鋸谷茂・大内正伸著　農文協　二〇〇三年
『図解・これならできる山を育てる道づくり――安くて長もち、四万十式作業道のすべて』田邊由喜男監修　大内正伸著　農文協　二〇〇八年
『写真図解　作業道づくり』大橋慶三郎・岡橋清元著　全国林業普及協会　二〇〇七年
『大橋慶三郎　林業人生を語る』大橋慶三郎著　全国林業改良普及協会　二〇一〇年

そのほか、「サントリー天然水の森」で様々な研究をお願いしている多くの先生方との会話も随所に参考にさせていただいた。二〇一一年十二月現在で共同研究やご助言をいただいている先生たちは、以下の通りである（五十音順）。

浅野友子（東京大学講師）水質モニタリング（東京大学秩父演習林）
石川芳治（東京農工大学教授）鹿問題と砂防（南アルプス・丹沢）
市川勉（東海大学教授）水田における地下水涵養（阿蘇）
伊藤哲（宮崎大学教授）人工林の適正管理と、自然再生（阿蘇）
大久保達弘（宇都宮大学教授）里山循環林の再生（梓の森）
小川真（白砂青松再生の会会長）炭と菌根菌による森林再生（南アルプス・天王山）
奥本大三郎（日本アンリ・ファーブル会理事長）昆虫——植生と鳥や動物をつなぐ輪として（天王山・丹沢）
恩田裕一（筑波大学教授）人工林の強度間伐による地下水涵養力の向上（東白川）
片山浩之（東京大学准教授）水中微生物とウイルス（南アルプス）
金澤晋二郎（九州大学特任教授）土壌学（南アルプス）
鎌田直人（東京大学教授）鹿の食害を受けた林分での昆虫相の変化について（東京大学秩父演習林）
木平勇吉（東京農工大学名誉教授・丹沢大山自然再生委員会委員長）森林整備全般（丹沢）
酒井秀夫（東京大学教授）林道・作業道に関する研究（東京大学秩父演習林・赤城）

島谷幸宏（九州大学教授）河川の自然再生（阿蘇）
白石則彦（東京大学教授）不成績造林地の混交林への誘導（東京大学秩父演習林）
菅原泉（東京農業大学准教授）植生と緑化（奥多摩・東京農業大学奥多摩演習林）
鈴木牧（東京大学講師）ＧＰＳによる鹿の移動調査及び鹿対策（東京大学秩父演習林）
丹下健（東京大学教授）森林の多様性評価と、崩壊地の自然再生（赤城）
辻村真貴（筑波大学准教授）山体全体を対象とした水文学（南アルプス）
徳地直子（京都大学准教授）竹林における物質循環（天王山・西山の森林整備推進協議会）
徳永朋祥（東京大学教授）植生による水質形成と水循環への影響（南アルプス）
中村彰宏（大阪府立大学准教授）森林整備全般（天王山周辺森林整備推進協議会）
長谷川尚史（京都大学准教授）環境林施業と持続可能なバイオマス利用（南山城）
服部保（兵庫県立大学教授）植生調査及び松枯れ・カシノナガキクイムシ・鹿対策（西脇門
柳山・天王山・西山・南山城）
濱野周泰（東京農業大学教授）植生全般（南アルプス・近江などの工場植栽）
日置佳之（鳥取大学教授）森林利用と生物多様性再生の両立（奥大山）
平尾聡秀（東京大学助教）生物多様性の維持機構と生態系機能に関する研究（東京大学秩父
演習林）

藤井幹（日本鳥類保護連盟主任研究員）鳥類調査（赤城・丹沢・南アルプスなど）
三浦直子（東京大学特任助教）レーザー航測データの利用（東京大学秩父演習林）
宮林茂幸（東京農業大学教授）山村の再生と、河川の上下流域をつなぐ経済圏の創出（奥多摩・東京農業大学奥多摩演習林）
柳澤紀夫（日本鳥類保護連盟理事）鳥類全般（阿蘇・南アルプスなど）
横尾善之（福島大学准教授）広域における地下水涵養力の評価（全般）
横山和成（独立行政法人 農研機構 中央農業総合研究センター 上席研究員）土壌の微生物多様性（南アルプス・阿蘇など）

ただし、本書の内容に不備・誤りなどがあった場合、その責任はすべて著者にある。大方のご叱正を賜りたいところである。

写真協力 西山壮子路・上原勇（サンアド）・西武造園株式会社・サントリーホールディングス株式会社

山田 健 やまだ・たけし

一九五五年生まれ。七八年東京大学文学部卒業。同年、サントリー宣伝部にコピーライターとして入社。ワイン、ウイスキー、音楽、環境などの広告コピーを制作。現在は同社エコ戦略部・部長シニアスペシャリストとして「天然水の森」活動を推進している。著書に環境小説『遺言状のオイシイ罠』（ハルキ文庫）『ゴチソウ山』（角川春樹事務所）、ワインエッセー『今日からちょっとワイン通』（ちくま文庫）などがある。

筑摩選書 0032

水《みず》を守《まも》りに、森《もり》へ 地下《ちか》水《すい》の持続《じぞく》可能性《かのうせい》を求《もと》めて

二〇一二年一月一五日 初版第一刷発行
二〇二五年五月二〇日 初版第三刷発行

著者 山田《やまだ》 健《たけし》

発行者 増田健史

発行所 株式会社筑摩書房
東京都台東区蔵前二-五-三 郵便番号 一一一-八七五五
電話番号 〇三-五六八七-二六〇一（代表）

装幀者 神田昇和

印刷 製本 中央精版印刷株式会社

©Yamada Takeshi 2012 Printed in Japan ISBN978-4-480-01534-1 C0351

筑摩選書 0001

武道的思考

内田 樹

武道は学ぶ人を深い困惑のうちに叩きこむ。あらゆる術は「謎」をはらむがゆえに生産的なのである。今こそわれわれが武道に参照すべき「よく生きる」ためのヒント。

筑摩選書 0003

荘子と遊ぶ 禅的思考の源流へ

玄侑宗久

『荘子』はすこぶる面白い。読んでいると「常識」という桎梏から解放される。それは「心の自由」のための哲学だ。魅力的な言語世界を味わいながら、現代的な解釈を試みる。

筑摩選書 0005

不均衡進化論

古澤 滿

DNAが自己複製する際に見せる奇妙な不均衡。そこから生物進化の驚くべきしくみが見えてきた！ カンブリア爆発の謎から進化加速の可能性にまで迫る新理論。

筑摩選書 0007

日本人の信仰心

前田英樹

日本人は無宗教だと言われる。だが、列島の文化・民俗には古来、純粋で普遍的な信仰の命が見てとれる。大和心の古層を掘りおこし、「日本」を根底からとらえなおす。

筑摩選書 0008

視覚はよみがえる 三次元のクオリア

S・バリー

宇丹貴代実 訳

回復しないとされた立体視力が四八歳で奇跡的に戻った時、風景も音楽も思考も三次元で現れた——。神経生物学者が自身の体験をもとに、脳の神秘と視覚の真実に迫る。

筑摩選書 0009

日本人の暦 今週の歳時記

長谷川 櫂

日本人は三つの暦時間を生きている。本書では、季節感豊かな日本文化固有の時間を歳時記をもとに再構成。四季の移ろいを慈しみ、古来のしきたりを見直す一冊。

筑摩選書 0010

経済学的思考のすすめ

岩田規久男

世の中には、「将来日本は破産する」といったインチキ経済論がまかり通っている。ホンモノの経済学の思考法を用いてさまざまな実例をあげ、トンデモ本を駆逐する！

筑摩選書 0012

フルトヴェングラー

奥波一秀

二十世紀を代表する巨匠、フルトヴェングラー。変動してゆく政治の相や同時代の人物たちとの関係を通し、音楽家の再定位と思想の再解釈に挑んだ著者渾身の作品。

筑摩選書 0015

宇宙誕生
原初の光を探して

M・チャウン
水谷淳 訳

二〇世紀末、人類はついに宇宙誕生の証、ビッグバンの残光を発見した。劇的な発見からもたらされた驚くべき宇宙の真実とは――。宇宙のしくみと存在の謎に迫る。

筑摩選書 0016

最後の吉本隆明

勢古浩爾

「戦後最大の思想家」「思想界の巨人」と冠される吉本隆明。その吉本がこだわった「最後の親鸞」の思考に倣い、「最後の吉本隆明」の思想の本質を追究する。

筑摩選書 0018

内臓の発見
西洋美術における身体とイメージ

小池寿子

中世後期、千年の時を超えて解剖学が復活した。人体内部という世界の発見は、人間精神に何をもたらしたか。身体をめぐって理性と狂気が交錯する時代を逍遥する。

筑摩選書 0020

利他的な遺伝子
ヒトにモラルはあるか

柳澤嘉一郎

遺伝子は本当に「利己的」なのか。他人のために生命さえ投げ出すような利他的な行動や感情は、なぜ生まれるのか。ヒトという生きものの本質に迫る進化エッセイ。

筑摩選書
0023
天皇陵古墳への招待
森浩一
いまだ発掘が許されない天皇陵古墳。本書では、天皇陵古墳をめぐる考古学の歩みを振り返りつつ、古墳の地理的位置・形状、文献資料を駆使し総合的に考察する。

筑摩選書
0024
脳の風景
「かたち」を読む脳科学
藤田一郎
宇宙でもっとも複雑な構造物、脳。顕微鏡を通して内部を見ると、そこには驚くべき風景が拡がっている！ 脳の実体をビジュアルに紹介し、形態から脳の不思議に迫る。

筑摩選書
0028
日米「核密約」の全貌
太田昌克
日米核密約……。長らくその真相は闇に包まれてきた。それはなぜ、いかにして取り結ばれたのか。日米双方の関係者百人以上に取材し、その全貌を明らかにする。

筑摩選書
0029
農村青年社事件
昭和アナキストの見た幻
保阪正康
不況にあえぐ昭和12年、突如全国で撒かれた号外新聞。そこには暴動・テロなどの見出しがあった。昭和最大規模のアナキスト弾圧事件の真相と人々の素顔に迫る。

筑摩選書
0030
公共哲学からの応答
3・11の衝撃の後で
山脇直司
3・11の出来事は、善き公正な社会を追求する公共哲学という学問にも様々な問いを突きつけることとなった。その問題群に応えながら、今後の議論への途を開く。

筑摩選書
0031
日本の伏流
時評に歴史と文化を刻む
伊東光晴
通貨危機、政権交代、大震災・原発事故を経ても、日本は変わらない。現在の閉塞状況は、いつ、いかにして始まったのか。変動著しい時代の深層を経済学の泰斗が斬る！